公共交通建筑节能设计系列丛书

港口和公路客运站建筑节能设计指南

"十三五"国家重点研发计划"公共交通枢纽建筑节能关键技术与示范"项目组　编著

U0286472

中国建筑工业出版社

图书在版编目（CIP）数据

港口和公路客运站建筑节能设计指南/"十三五"
国家重点研发计划"公共交通枢纽建筑节能关键技术与示
范"项目组编著. — 北京：中国建筑工业出版社，
2023.3（2024.3重印）

（公共交通建筑节能设计系列丛书）
ISBN 978-7-112-28393-4

Ⅰ. ①港… Ⅱ. ①十… Ⅲ. ①港口－客运站－建筑设
计－节能设计－指南②公路运输－客运站－建筑设计－节
能设计－指南 Ⅳ. ①TU248.3-62

中国国家版本馆 CIP 数据核字（2023）第 032814 号

责任编辑：张文胜
责任校对：李美娜

公共交通建筑节能设计系列丛书

港口和公路客运站建筑节能设计指南

"十三五"国家重点研发计划"公共交通枢纽建筑节能关键技术与示范"项目组　编著

*

中国建筑工业出版社出版、发行（北京海淀三里河路9号）

各地新华书店、建筑书店经销

北京红光制版公司制版

建工社（河北）印刷有限公司印刷

*

开本：787毫米×1092毫米　1/16　印张：7¾　字数：158千字
2023年3月第一版　2024年3月第二次印刷
定价：**32.00**元
ISBN 978-7-112-28393-4
（40732）

3

前　言

　　港口和公路客运站建筑等交通枢纽类建筑是公共建筑的重要构成部分，这类建筑具有空间跨度大、功能复杂、人流密度高和运营时间长等特点，因此与普通公共建筑有明显区别。同时，这类建筑大多建设时间较早，在设计时受到当时技术、政策、资金等诸多因素的限制，侧重考虑城市景观规划和交通运载能力，在围护结构热工性能、暖通空调系统设计及旅客热舒适性等方面考虑较少，造成该类建筑用能水平参差不齐的现状。因此，港口和公路客运站建筑是我国建筑节能和低碳发展的重要内容。

　　我国现行交通客运建筑设计、评价标准规范中对于港口和公路客运站建筑供暖空调方面的规定比较笼统，为该类型建筑节能设计带来一定的困难。本书是国家科技支撑计划课题"高铁、港口和公路客运站节能关键技术与示范"的研究成果，希望为我国未来的港口和公路客运站建筑设计、建设和运营提供有效参考。由于研究时间有限，书中必定存在诸多问题，欢迎专家学者指正。

目　　录

1 总 则

1.1 为推动交通枢纽建筑的节能减排，规范港口和公路客运站建筑节能设计，实现能源资源的高效利用，制定本设计指南。

1.2 本指南适用于新建、改建以及扩建的港口和公路客运站的节能设计。

1.3 本指南根据全国港口和公路客运站调研数据，结合港口和公路客运站建筑特点和室内环境需求，对港口和公路客运站的热工设计、通风空调设计、冷热源形式、照明系统设计等提出通用性的节能设计要求，并提出相应的节能措施，指导港口和公路客运站建筑节能设计。

1.4 港口和公路客运站建筑节能设计，除符合本指南的规定外，尚应符合国家及行业现行的相关标准。

2 术　语

2.1　年平均日旅客发送量　annual average daily passenger delivery volume
交通客运站统计年度平均每天的旅客发送量。

2.2　室内空间平均净高　average height of space
室内空间平均净高是指屋面顶棚或者结构下沿至最近的主要楼层的平均净高。

2.3　预计平均热感觉投票　predicted mean vote（PMV）
PMV 指数是评价环境参数对人体热感觉综合影响的指标，反映了人群的统计平均热感觉。根据人体热平衡的基本方程式，综合了温度、湿度、风速、平均辐射温度、代谢率和服装热阻共六个因素对人体热感觉的影响，其结果表达为热感觉的评价等级，赋值范围从－3 到 0 再到＋3 共七个等级，代表的热感觉为很冷、不冷不热到很热。

2.4　预计不满意者的百分数　predicted percent of dissatisfied（PPD）
PPD 指数为预计处于热环境中的群体对于热环境不满意的投票平均值。PPD 指数可预计群体中感觉过暖或过凉"根据七级热感觉投票表示热（＋3），温暖（＋2），凉（－2），或冷（－3）"的人的百分数。

2.5　室内空气质量　indoor air quality（IAQ）
对与室内空气环境相关的物理、化学及生物等因素给人员身体健康和心理感受造成的影响程度的综合性描述。

2.6　换气次数　air change rate
单位时间内室内空气的更换次数，即通风量与房间体积的比值。

2.7　平均照度　average illuminance
规定表面上各点的照度平均值。

2.8　参考平面　reference surface
规定用作比较基准的平面。

2.9　统一眩光值　unified glare rating（UGR）
UGR 指数是度量处于视觉环境中的照明装置发出的光对人眼引起不舒适感主观反应的心理参量，其值可按 CIE 统一眩光值公式计算。

2.10　建筑能耗　energy consumption of building
建筑使用过程中由外部输入的能源，包括维持建筑环境的用能（如供暖、通风、制冷、空调和照明等）和各类建筑内与交通功能相关的系统或设备（如信息数据机房、电梯、自动步道、交通信息显示、行李系统等）的建筑能耗。

2.11 建筑耗热量 building heat demand

一个完整的供暖期，公共交通建筑得到的供热系统向其提供的热量。

2.12 建筑耗冷量 building cooling demand

一个完整的供冷期，公共交通建筑得到的供冷系统向其提供的冷量。

2.13 建筑供暖能耗 building heat energy consumption

一个完整的供暖期，供暖、空调系统为维持建筑室内热湿环境而消耗的能源总量。

2.14 建筑供冷能耗 building cooling energy consumption

一个完整的供冷期，空调系统为维持建筑室内热湿环境而消耗的能源总量。

2.15 性能系数 coefficient of performance（COP）

在规定的试验条件下，制冷及制热设备的制冷及制热量与其消耗功率之比，其单位用 W/W 表示，简称 COP。

2.16 能效比 energy efficiency ratio（EER）

在规定的试验条件下，制冷设备的制冷量与其消耗功率之比，简称 EER。

3 概　　述

3.1　港口和公路客运站建筑设计

交通运输行业是国民经济发展的基础性和服务性行业，当前正处于迅速发展的阶段。现代化的交通运输方式主要有铁路运输、公路运输、水路运输、航空运输。随着人们生活水平的提高，城市交通飞速发展，城市及交通规划逐步形成，港口和公路客运站成为旅客换乘的重要枢纽。《2021年交通运输行业发展统计公报》显示，全年全国公路完成营业性客运量50.87亿人，完成旅客周转量3627.54亿人公里；全年全国港口完成旅客吞吐量4773.64万人。与一般的公共建筑相比，港口和公路客运站进行设计时，不仅要满足交通建筑的功能性，还要考虑当地文化与建筑美学的融合，尽量成为当地的地标性建筑，通常具有空间大、客流量大、能耗高的特点。但由于受到技术、环境、资金等诸多因素的限制，很多城市的港口和公路客运站的规划设计相对比较落后，因而在建筑设计、暖通空调设计、通风设计、节能设计以及实际使用中带来了很多问题。

（1）功能复杂

随着人们生活水平的提高，对交通枢纽建筑的舒适性和功能性提出了新的要求。港口和公路客运站需要具备旅客运输组织、车辆/船只运行组织、旅客集散、中转换乘、多式联运、通信信息、综合服务等功能。港口和客运站建筑设计为满足复杂繁多的功能需求，需要设置不同的功能区，并安装相应的基础设施。另外，位于不同功能区的人员活动状态不同，对建筑环境的要求不同。因此，在建筑设计时，需要根据不同的空间功能需求考虑不同的热环境参数。

（2）透明围护结构较多

出于节能、美观、易于维护的考虑，港口和公路客运站建筑使用了大面积玻璃幕墙。大规模地利用天然光，注重外玻璃墙体和屋面的通透性，是当今港口和公路客运站的建筑趋势。由于玻璃的传热能力比砖墙大，所以应注意玻璃材料的选择，选取保温隔热性能好的玻璃，减小建筑能耗。

（3）客流量大且逐时变化

相比于其他公共建筑，港口和客运站建筑具有旅客运输的特殊功能，需要满足大量旅客的交通运输需求，而且会根据车辆、船只的班次呈规律性变化。在建筑设计时，应根据不同客流时间下不同的客流量进行温度及空调控制系统的设计。

3.2　港口和公路客运站分类

3.2.1　港口客运站分类

港口客运站按航线和使用性质可以分为以下几类：

（1）按航线分类

国内航线港口客运站、国际航线港口客运站。

（2）按使用性质分类

客运港口客运站、客货兼运港口客运站、客货运滚装船港口客运站、客运综合体港口客运站。

港口客运站的站级分级应根据年平均日旅客发送量划分，并应符合表3-1的规定。

港口客运站的站级分级　　　　　　　　　表3-1

分级	年平均日旅客发送量 P（人/d）	建议建筑面积 A（m^2）
一级	$P \geqslant 3000$	$6000 \leqslant A < 20000$
二级	$2000 \leqslant P < 3000$	$3000 \leqslant A < 6000$
三级	$1000 \leqslant P < 2000$	——
四级	$P \leqslant 999$	——

3.2.2　公路客运站分类

根据公路客运站设施和设备配置情况、地理位置和年平均日旅客发送量等因素，公路客运站的等级划分为5个级别以及简易车站及招呼站。各级公路客运站设施、设备配置如表3-2和表3-3所示。

（1）一级公路客运站

具备下列条件之一的为一级公路客运站：

1）年平均日旅客发送量在10000人次以上的公路客运站；

2）省、自治区、直辖市及其所辖市、自治州（盟）人民政府和地区行政公署所在地，如无10000人次以上的公路客运站，可选取年平均日旅客发送量在5000人次以上具有代表性的一个公路客运站；

3）位于国家级旅游区或一类边境口岸，年平均日旅客发送量在3000人次以上的公路客运站。

（2）二级公路客运站

具备下列条件之一的为二级公路客运站：

1）年平均日旅客发送量在 5000 人次以上，不足 10000 人次的公路客运站；

2）县以上或相当于县人民政府所在地，如无 5000 人次以上的公路客运站，可选取设计年平均日旅客发送量在 3000 人次以上具有代表性的一个公路客运站；

3）位于省级旅游区或二类边境口岸，年平均日旅客发送量在 2000 人次以上的公路客运站。

（3）三级公路客运站

年平均日旅客发送量在 2000 人次以上，不足 5000 人次的公路客运站。

（4）四级公路客运站

年平均日旅客发送量在 300 人次以上，不足 2000 人次的公路客运站。

（5）五级公路客运站

年平均日旅客发送量在 300 人次以下的公路客运站。

（6）简易车站

达不到五级车站要求或以停车场为信托，具有集散旅客、停发客运班车功能 的车站。

（7）招呼站

达不到五级车站要求，具有明显的等候标志和候车设施的车站。

公路客运站的设施配置   表 3-2

设施名称			一级站	二级站	三级站	四级站	五级站
场地设施		站前广场	●	●	★	★	★
		停车场	●	●	●	●	●
		发车位	●	●	●	●	★
建筑设施	站房	候车厅（室）	●	●	●	●	●
		重点旅客候车室（区）	●	●	★	—	—
		售票厅	●	●	★	★	★
		行包托运厅（处）	●	●	★	—	—
		综合服务处	●	●	★	★	—
	站务用房	站务员室	●	●	●	●	●
		驾乘休息室	●	●	●	●	●
		调度室	●	●	●	★	—
		治安室	●	●	★	—	—
		广播室	●	●	★	—	—
		医疗救护室	★	★	★	★	★
		无障碍通道	●	●	●	●	●
		残疾人服务设施	●	●	●	●	●
		饮水室	●	★	★	★	★
		盥洗室和旅客厕所	●	●	●	●	●
		智能化系统用房	●	★	★	—	—
		办公用房	●	●	●	★	—

			设施名称	一级站	二级站	三级站	四级站	五级站
建筑设施	辅助用房	生产辅助用房	汽车安全检验台	●	●	●	●	●
			汽车尾气测试室	★	★	—	—	—
			车辆清洁、清洗台	●	●	★		
			汽车维修车间	★	★	—	—	—
			材料间	★	★	—	—	—
			配电室	●	●			
			锅炉房	★	★	—	—	—
			门卫、传达室	★	★	★	★	★
		生活辅助用房	司乘公寓	★	★	★	★	★
			餐厅	★	★	★	★	★
			商店	★	★	★	★	★

注:"●"——必备;"★"——视情况设置;"—"——不设。

公路客运站的设备配置   表 3-3

	设备名称	一级站	二级站	三级站	四级站	五级站
基本设备	旅客购票设备	●	●	★	★	★
	候车休息设备	●	●	●	●	●
	行包安全检查设备	●	★	★	—	—
	汽车尾气排放 测试设备	★	★	—	—	—
	安全消防设备	●	●	●	●	●
	清洁清洗设备	●	●	★	—	—
	广播通信设备	●	●	★	—	—
	行包搬运与便民设备	●	●	★	—	—
	供暖或制冷设备	●	★	★	★	★
	宣传告示设备	●	●	●	★	★
智能系统设备	微机售票系统设备	●	●	★	★	★
	生产管理系统设备	●	★	★	—	—
	监控设备	●	★	★	—	—
	电子显示设备	●	●	★	—	—

注:●——必备;★——视情况设置;——不设。

因为设计年度平均日旅客发送量小于 5000 人次的客运站,发车数量较少、客运站使用强度不高、各种设备系统也是随着客车的开车与到达进行开启或休眠,客运站使用规律与超过 5000 人次的客运站有较大的差别,能耗较小、个体差异性较大。因此本指南仅针对一级和二级公路客运站和港口客运站。

3.3 港口和公路客运站建筑功能空间划分

（1）公路客运站总平面布置应包括站前广场、站房、营运停车场和其他附属建筑等内容。

站前广场宜由车行及人行道路、停车场、乘降区、集散场地、绿化用地、安全保障设施和市政配套设施等组成；站房应按交通客运站等级和功能划分为营运区、设备区和营运辅助区。

站房宜由候乘厅、售票用房、站务用房、服务用房、行包用房、附属用房等组成，并根据需要设置进站大厅。对于公路客运站，宜设置站台和发车位；对于港口客运站，宜设置上下船廊道、驻站业务用房。站房内还应设置旅客服务用房与设施，宜有问讯台、小件寄存处、邮政、电信、医务室、盥洗室、自助存包柜、商业服务设施等。候乘厅可根据交通客运站站级、旅客构成，设置普通候乘厅和重点旅客候乘厅。对于港口客运站，可根据需要设置候乘风雨廊和其他候船设施。

（2）港口客运站总平面布置应包括站前广场、站房、客运码头（或客货滚装船码头）和其他附属建筑等内容。

客运码头和客货滚装码头应为旅客提供安全、方便的上下船设施。对于客货滚装码头，还应为乘船车辆设置上下船的设施，并且旅客和车辆的上下船设施应分开设置，并应符合现行行业标准《客滚船码头安全技术及管理要求》JT 366 和《海港总体设计规范》JTS 165 的相关规定；国际港口客运用房应由出境、入境、管理和驻站业务等用房组成。

港口和公路客运站可根据需要设置设备用房、食堂、仓库、维修用房、洗车台、司乘休息室和职工浴室等附属用房，其设置应符合现行有关标准的规定。

3.4 港口和公路客运站建筑节能设计方法

（1）节能评价指标有建筑与围护结构、供暖、通风与空调、照明与电气以及能量的综合利用。其中建筑与围护结构包括建筑的体形系数、窗墙比、朝向、墙体热工性能等参数，对应指南的第 5 章；供暖、通风与空调包括冷热源机组能效、供暖空调系统的选择、系统的能耗等指标，对应指南的第 6 章；照明与电气包括照明功率密度、灯具效率、照明控制等指标，对应指南的第 7 章；能量综合利用包括排风能量回收、蓄能系统、其他能源的使用，对应指南的第 8 章。

（2）进行客运站节能设计时可以采取两种方法：规定指标法和性能化设计方法。规定指标法就是对建筑热工结构体形系数等所有因素规定一个具体的指标，设计时不得突破任何一个指标。节能设计的规定性指标主要包括：建筑物体形系数、窗墙面积比、各部分围护结构的传热系数、外窗遮阳系数等。性能化设计方法，是直接对建筑在某种标准条件下的理论供暖、空调能耗规定一个限值，作为节能的控制目标，使建筑实际能耗不能突破这个限值。性能化设计的计算方法和控制目标应符合以下规定：1）严寒、寒冷地区建筑应以建筑物耗热量指标为控制目标；2）夏热冬冷地区应以空气调节年耗电量和建筑物供暖之和为控制目标。各建筑热工设计分区的具体规定性指标和目标能耗控制限值应根据节能目标分别确定。

4 室内环境设计参数

4.1 室内热环境

4.1.1 室内舒适性要求

供暖与空调的室内热舒适性应按现行国家标准《热环境的人类工效学 通过计算 PMV 和 PPD 指数与局部热舒适准则对热舒适进行分析测定与解释》GB/T 18049 的有关规定执行，采用预计平均热感觉指数（PMV）和预计不满意者的百分数（PPD）评价，热舒适度等级划分应按表 4-1 采用。

热舒适度等级划分 表 4-1

热舒适度等级	PMV	PPD
Ⅰ级	$-0.5 \leqslant PMV \leqslant 0.5$	$\leqslant 10\%$
Ⅱ级	$-1 < PMV < -0.5，0.5 < PMV \leqslant 1$	$\leqslant 27\%$

PMV 的推荐范围为：$-1.0 \leqslant PMV \leqslant +1.0$。

在候船厅、休息厅，旅客活动状态一般为静坐或交谈，人体代谢率建议取值为 $58 \sim 80 \text{W/m}^2$。在售票厅，旅客一般处于交谈和站立的状态，代谢率建议取值为 $70 \sim 90 \text{W/m}^2$。旅客位于商店、走廊时，旅客一般处于交谈和走路的状态，代谢率建议取值为 $115 \sim 220 \text{W/m}^2$。其中，步行速度为 0.9m/s 时，取 115W/m^2；步行速度为 1.8m/s 时，取 220W/m^2。

严寒地区冬季旅客服装热阻建议取值为 1.5clo，夏季为 0.3clo；寒冷地区冬季旅客服装热阻建议取值为 1clo，夏季为 0.2～0.3clo；夏热冬冷地区冬季旅客服装热阻建议取值为 1clo，夏季为 0.2clo；夏热冬暖地区冬季旅客服装热阻建议取值为 0.9clo，夏季为 0.2clo。

4.1.2 冬季室内设计参数

供暖室内设计温度应符合下列规定：

（1）严寒和寒冷地区主要房间应采用 18～24℃；

（2）夏热冬冷地区主要房间宜采用 16～22℃；

（3）设置值班供暖房间不应低于5℃；

（4）辅助建筑物及辅助用室不应低于表4-2的规定。

辅助用室供暖室内最低温度　　　　　　　　　　　　　表4-2

辅助用室	供暖室内最低温度（℃）
浴室	25
更衣室	25
办公室、休息室	18
食堂	18
盥洗室、厕所	12

各功能房间供暖室内计算温度应符合表4-3的规定。

冬季供暖室内计算温度　　　　　　　　　　　　　　　表4-3

房间名称	室内计算温度（℃）
候乘厅、售票厅、行包托运厅	14～16
重点旅客候乘厅、医务室、母婴候乘厅	18～20
办公用房	18～20
厕所、盥洗间、走廊	14～16
联检用房	18～20

4.1.3　夏季室内设计参数

舒适性空调室内设计参数应符合表4-4的规定。

空气调节系统室内计算参数　　　　　　　　　　　　　表4-4

温度（℃）		相对湿度（%）	风速（m/s）
一般房间	25	40～65	0.15～0.30
大堂、过厅	室内外温差≤10		

4.2　室内空气质量

4.2.1　室内空气质量设计标准

交通客运站室内建筑材料和装修材料所产生的室内环境污染物浓度限量应符合现行国家标准《民用建筑工程室内环境污染控制标准》GB 50325的规定。

4.2.2　新风量的确定

从环境卫生角度来讲，新风量的多少取决于室内有害物的性质和数量以及它们的允许浓度。民用建筑中主要的有害物是粉尘、二氧化碳、一氧化碳、热气、湿气、细菌、化学物和烟气等。

在稳定状态下,室内有害物的允许浓度为 C,则为保证空调区域卫生要求的必要新风量按式(4-1)确定:

$$L_0 = \frac{M_0}{C - C_0} \tag{4-1}$$

式中　M_0——有害气体发生量,$m^3/(人 \cdot h)$;

C——有害物的允许浓度,%;

C_0——室外空气中该有害物的浓度,%。

人体在新陈代谢过程中,排出大量 CO_2。由于空气中 CO_2 浓度的增加,与氧气浓度的下降成一定比例,与臭气等污染物排放也有一定关系,因此,CO_2 浓度常常作为考察室内空气质量的一个指标。不少国家把允许的 CO_2 浓度取为 0.1%。室外空气(新风)中的 CO_2 浓度各个地区不大一样,但符合标准的大气可取 0.03%,城市中有时可达 0.06%。

人体 CO_2 的发生量与人体表面积、能量代谢率有关。根据不同的活动强度,可以计算出人体 CO_2 的发生量。当人体轻度活动时,CO_2 发生量为 0.023m^3(人 · h)。CO_2 允许浓度为 0.1% 时,必需的新风量为 32$m^3/(人 · h)$。

(1)新风量标准

国家标准《公共建筑节能设计标准》GB 50189—2015 中规定不同类型房间的人均新风量均为 30$m^3/(h · 人)$。

(2)影响新风量的其他因素

有时室内环境的污染是由多种有害物质引起的,它们对人体有综合的影响。随着新型化学建材等进入建筑物内,必须考虑除了人体以外的其他有害物对空气的污染。

一般来说,复合污染的毒性是相加作用,可以采用式(4-2)进行评价。

$$\frac{C_1'}{C_1} + \frac{C_2'}{C_2} + \frac{C_3'}{C_3} + \cdots + \frac{C_i'}{C_i} < 1 \tag{4-2}$$

式中　$C_1', C_2', C_3', \cdots, C_i'$——污染物实测浓度;

$C_1, C_2, C_3, \cdots, C_i$——污染物的允许浓度。

4.3　室内光环境

4.3.1　室内照明设计标准

港口和公路客运站的照明设计应符合现行国家标准《建筑照明设计标准》

12

GB 50034的规定。客运站应设置引导旅客的标志标识照明。客运站的售票台、检票口、联检工作台宜设置局部照明，局部照明照度标准值宜为 500Lx。站场车辆进站、出站口宜装设同步的声、光信号装置，其灯光信号应满足交通信号的要求。站场内照明不应对驾驶员产生眩光，眩光限制阈值增量（TI）最大初始值不应大于 15%。

4.3.2 室内采光设计标准

候乘厅宜利用自然采光和自然通风，并应满足采光、通风和卫生要求，其外窗窗地面积比应符合现行国家标准《建筑采光设计标准》GB/T 50033 的规定，可开启面积应符合现行国家标准《公共建筑节能设计标准》GB 50189 的有关规定。当采用自然通风时，候乘厅净高不应低于 3.6m。售票厅应有良好的自然采光和自然通风，其窗地面积比应符合现行国家标准《建筑采光设计标准》GB/T 50033 的规定。当采用自然通风时，售票厅的净高不应低于 3.6m。

5 建筑设计与建筑热工

5.1 建 筑 设 计

5.1.1 构型和体形系数

在客运站中，候车大厅是容纳几乎全部旅客的中心，多采用通透大空间设计。但为了切实满足大空间方面的要求，会用到空间网架、钢框架结构或钢架结构，而其中尤以框架结构体系运用较多。这些结构都比较复杂，所以建筑体量都倾向于单一形式。因体量单一，所以在形态设计过程中需将空间中的不同围合面作为重点。屋顶多采用悬挑结构，除了能遮阳，还能体现出动态感。除此之外，主立面主要采用玻璃幕墙与柱廊，以营造光影效果。客运站经常会用到流线型的建筑体型，以此体现出交通建筑的动态之感。

建筑物体形系数是指建筑物与室外大气接触的外表面积与其所包围的体积的比值。体形系数越小，耗热量越小，建筑就越节能。要尽量使建筑的外形简单，尽量使外壳的表面积小，从而使热交换量少。因此，客运站建筑的造型宜简洁、完整，尽量避免复杂的轮廓线。对于气候条件不同的地区来说，尤其在寒冷地区的建筑应该把体形系数控制在尽量小的范围内。最佳体形并不完全由体形系数决定，需要依据冬季辐射得热的能力和夏季隔热能力做综合的平衡。若港口和公路客运站出于美观等考虑，建筑外形复杂，则体形系数偏高，所以在设计时应综合考虑美观、节能、采光等要求。具体限制应参考现行节能标准规定。

5.1.2 遮阳设计

建筑遮阳是为了避免阳光直射室内，防止建筑物的外围护结构被阳光过分加热，从而防止局部过热和眩光的产生，以及保护室内各种物品而采取的一种必要的措施。建筑遮阳的合理设计可以极大改善夏季室内热舒适状况、降低建筑物能耗。建筑布局、气象、日照、朝向、风向、植被等一系列建筑外环境的设置，都蕴藏着建筑遮阳因素；建筑围护构件，如墙体、屋面等也都有遮阳效果。按遮阳元素属性，可以分为建筑形体遮阳、建筑构件兼顾遮阳、专设构件和绿化遮阳的方式。

由于港口和公路客运站建筑的设计多采用玻璃幕墙，虽然有利于采光，但会增加进入室内的太阳辐射，对建筑热环境产生不利影响。因此，可以采用大屋檐出挑或是合理运用遮阳百叶来解决夏季遮阳和冬季采光的矛盾。大屋檐出挑营造了公共空间所需要的包容过渡空间，同时可以形成自然的建筑自遮阳设施。通过合理设计屋檐出挑长度或是调整遮阳百叶角度，既能保证夏季高温时段的遮阳效果，又能保证冬季的被动供暖效果。

5.1.3 自然采光设计

自然采光是利用建筑设计和光学原理，把自然光引入室内，同时避免太阳直射和眩光的形成。自然采光分为顶部采光、侧面采光及其他形式。

顶部采光是在建筑物的顶部结构设置采光口的一种形式，即天窗。天窗一般有平天窗、矩形天窗、横向天窗、井式天窗即室内中庭采光天窗等。顶部采光的最大特点是采光量均匀分布，对邻近室内空间没有干扰。常用于大型室内空间。

侧面采光是在室内的墙面上开的一种采光口的形式，在建筑上也称侧窗。侧窗的形式通常是长方形。它构造较为简单，光线具有明显的方向性，并具有易开启、透风、防雨、隔热等优点。侧窗一般置于1m左右的高度。有些较大型的室内空间将侧窗设置到2m以上，称之为高侧窗。从照度的均匀性来看，长方形采光口在室内空间所形成的照度比较均匀。但侧面采光的光线一般会直接进入室内，造成眩光，所以设计中常把侧窗倾斜一定角度放置。

其他自然采光方式包括导光管法、光导纤维法、采光搁板法、棱镜窗等，对技术的依赖性较高。

此外，客运站的节能设计必须确定适当的窗墙比。窗墙比过小，客运站自然采光不足，通风不良，增加了空调与照明的能耗；窗墙比过大，会造成客运站建筑强度不足，应在窗墙比满足限值的同时降低外窗的传热系数。在《公共建筑节能设计标准》GB 50189—2015 中对窗墙比有明确规定：严寒地区甲类公共建筑各单一立面窗墙面积比（包括透光幕墙）均不宜大于 0.60；其他地区甲类公共建筑各单一立面窗墙面积比（包括透光幕墙）均不宜大于 0.70。同时，窗墙比与建筑可见透光比的关系也有相应规定：甲类公共建筑单一立面窗墙面积比小于 0.40 时，透光材料的可见光透射比不应小于 0.60；甲类公共建筑单一立面窗墙面积比大于或等于 0.40 时，透光材料的可见光透射比不应小于 0.40。

5.1.4 自然通风设计

自然通风，指的是利用自然风压、空气温差、空气密度差等对室内进行通风换气的方式。自然通风包括风压作用下的自然通风、热压作用下的自然通风、风压热压共同作用下的自然通风、机械辅助式自然通风和利用双层围护结构的自然通风。

港口和公路客运站建筑空间一般较大，组织合理的自然通风形式，无论从节能角度还是舒适性角度出发，均有显著意义。进行客运站自然通风设计时，应减少冬季、夏季渗透风，加强过渡季的自然通风。

（1）自然通风的设计，需要考虑客运站所在地的地理位置、自然状况、各季节主导风向及强度和周边建筑群的影响。建筑的朝向是影响风压通风效果的关键，根据其所处的气候区，综合考虑通风和遮阳设计。自然通风设计的基本原则是尽量使建筑朝向与夏季和冬季的主导风向垂直，但往往在建筑物的背风侧会形成一个大的涡流区，这会对建筑物后侧房间的通风产生不良影响。因此，在组织自然通风时，需要综合衡量建筑的高度、宽度、间距，以获得最佳的自然通风效果。

（2）建筑外围结构的开闭直接影响着自然通风的效果，当出风口面积大于进风口面积的10％时，室内风速可达到最佳状态。另外，开口位置、进出风口高差、开口形式也是影响自然通风的重要因素。

（3）注重"穿堂风"的组织。穿堂风是在风压作用下，室外空气从建筑物一侧进入，贯穿内部，从另一侧流出的自然通风，是自然通风中效果最好的方式。主要房间应朝向主导风的迎风侧，背风侧宜布置辅助用房；合理布置客运站内部的设施，使其不会阻断穿堂风的路线；利用建筑内部的开口，合理引导气流。

（4）屋顶的自然通风。在结构层上部设置架空隔热层，利用中间的空气层带走热量，还可以保护屋面防水层。另外，利用坡屋顶的结构特点，在中间设置通风隔热层，也可以起到较好的隔热效果。

（5）新技术的应用。双层玻璃幕墙近年来在建筑节能工程中得到了广泛应用。两层玻璃幕墙之间有一定宽度的通风层，上下连通，顶部和底部设有通风百叶窗。在夏季利用热压作用自然降温，冬季通过调节百叶窗的角度保持换气层的热量，减少热损失。同样，通风墙体也可以利用带有空气层的空心夹层实现夏季的自然降温和冬季的保温蓄热。另外，可以通过安装太阳能塔、使用 Trombe 墙的方式，利用太阳能结合烟囱效应强化自然通风。

5.2 热 工 性 能

5.2.1 围护结构热工参数

客运站建筑一般建筑面积较大，多为甲类公共建筑，该类公共建筑非透光围护结构的热工性能指标应符合表 5-1～表 5-6 的规定。

严寒地区 A、B 区甲类公共建筑围护结构热工性能限值　　　　表 5-1

围护结构部位		体形系数≤0.3	0.3<体形系数≤0.5
		传热系数 $K[W/(m^2 \cdot K)]$	传热系数 $K[W/(m^2 \cdot K)]$
屋面		≤0.25	≤0.20
外墙（包括非透明幕墙）		≤0.35	≤0.30
底面接触室外空气的架空或外挑楼板		≤0.35	≤0.30
地下车库与供暖房间之间的楼板		≤0.50	≤0.50
非供暖房间与供暖房间的隔墙		≤0.80	≤0.80
单一朝向外窗（包括透明幕墙）	窗墙面积比≤0.2	≤2.50	≤2.20
	0.2<窗墙面积比≤0.3	≤2.30	≤2.00
	0.3<窗墙面积比≤0.4	≤2.00	≤1.60
	0.4<窗墙面积比≤0.5	≤1.70	≤1.50
	0.5<窗墙面积比≤0.6	≤1.40	≤1.30
	0.6<窗墙面积比≤0.7	≤1.40	≤1.30
	0.7<窗墙面积比≤0.8	≤1.30	≤1.20
	窗墙面积比>0.8	≤1.20	≤1.10
屋顶透光部分（屋顶透光部分面积≤20%）		≤1.80	
围护结构部位		保温材料层热阻 $R[(m^2 \cdot K)/W]$	
周边地面		≥1.10	
供暖地下室与土壤接触的外墙		≥1.50	
变形缝（两侧墙内保温时）		≥1.20	

严寒地区 C 区甲类公共建筑围护结构热工性能限值　　　　表 5-2

围护结构部位		体形系数≤0.3	0.3<体形系数≤0.5
		传热系数 $K[W/(m^2 \cdot K)]$	传热系数 $K[W/(m^2 \cdot K)]$
屋面		≤0.30	≤0.25
外墙（包括非透明幕墙）		≤0.38	≤0.35
底面接触室外空气的架空或外挑楼板		≤0.38	≤0.35
地下车库与供暖房间之间的楼板		≤0.70	≤0.70
非供暖房间与供暖房间的隔墙		≤1.00	≤1.00
单一朝向外窗（包括透明幕墙）	窗墙面积比≤0.2	≤2.70	≤2.50
	0.2<窗墙面积比≤0.3	≤2.40	≤2.00
	0.3<窗墙面积比≤0.4	≤2.10	≤1.90
	0.4<窗墙面积比≤0.5	≤1.70	≤1.60
	0.5<窗墙面积比≤0.6	≤1.50	≤1.50
	0.6<窗墙面积比≤0.7	≤1.50	≤1.50
	0.7<窗墙面积比≤0.8	≤1.40	≤1.40
	窗墙面积比>0.8	≤1.30	≤1.20

续表

围护结构部位	体形系数≤0.3	0.3<体形系数≤0.5
	传热系数 K[W/(m²·K)]	传热系数 K[W/(m²·K)]
屋顶透光部分（屋顶透光部分面积≤20%）	≤2.30	
围护结构部位	保温材料层热阻 R[(m²·K)/W]	
周边地面	≥1.10	
供暖地下室与土壤接触的外墙	≥1.50	
变形缝（两侧墙内保温时）	≥1.20	

寒冷地区甲类公共建筑围护结构热工性能限值　　　表 5-3

围护结构部位		体形系数≤0.3		0.3<体形系数≤0.5	
		传热系数 K [W/(m²·K)]	太阳得热系数 $SHGC$（东、南、西向/北向）	传热系数 K [W/(m²·K)]	太阳得热系数 $SHGC$（东、南、西向/北向）
屋面		≤0.40	—	≤0.35	—
外墙（包括非透明幕墙）		≤0.50	—	≤0.45	—
底面接触室外空气的架空或外挑楼板		≤0.50	—	≤0.45	—
地下车库与供暖房间之间的楼板		≤1.00	—	≤1.00	—
非供暖房间与供暖房间的隔墙		≤1.20	—	≤1.20	—
单一朝向外窗（包括透明幕墙）	窗墙面积比≤0.2	≤2.50	—	≤2.50	—
	0.2<窗墙面积比≤0.3	≤2.50	≤0.48/—	≤2.40	≤0.48/—
	0.3<窗墙面积比≤0.4	≤2.00	≤0.40/—	≤1.80	≤0.40/—
	0.4<窗墙面积比≤0.5	≤1.90	≤0.40/—	≤1.70	≤0.40/—
	0.5<窗墙面积比≤0.6	≤1.80	≤0.35/—	≤1.60	≤0.35/—
	0.6<窗墙面积比≤0.7	≤1.70	≤0.30/0.40	≤1.60	≤0.30/0.40
	0.7<窗墙面积比≤0.8	≤1.50	≤0.30/0.40	≤1.40	≤0.30/0.40
	窗墙面积比>0.8	≤1.30	≤0.25/0.40	≤1.30	≤0.25/0.40
屋顶透光部分（屋顶透光部分面积≤20%）		≤2.40	≤0.35	≤2.40	≤0.35
围护结构部位		保温材料层热阻 R[(m²·K)/W]			
周边地面		≥0.60			
供暖地下室与土壤接触的外墙		≥0.90			
变形缝（两侧墙内保温时）		≥0.90			

夏热冬冷地区甲类公共建筑围护结构热工性能限值　　　表 5-4

围护结构部位		传热系数 $K[\mathrm{W}/(\mathrm{m}^2 \cdot \mathrm{K})]$	
屋面		≤0.40	
外墙（包括非透明幕墙）	围护结构热惰性指标 D≤2.5	≤0.60	
	围护结构热惰性指标 D>2.5	≤0.80	
底面接触室外空气的架空或外挑楼板		≤0.70	
外窗（包括透明幕墙）		传热系数 K $[\mathrm{W}/(\mathrm{m}^2 \cdot \mathrm{K})]$	太阳得热系数 $SHGC$（东、南、西向/北向）
单一立面外窗（包括透明幕墙）	窗墙面积比≤0.2	≤3.00	≤0.45
	0.2<窗墙面积比≤0.3	≤2.60	≤0.40/0.45
	0.3<窗墙面积比≤0.4	≤2.20	≤0.35/0.40
	0.4<窗墙面积比≤0.5	≤2.20	≤0.30/0.35
	0.5<窗墙面积比≤0.6	≤2.10	≤0.30/0.35
	0.6<窗墙面积比≤0.7	≤2.10	≤0.25/0.30
	0.7<窗墙面积比≤0.8	≤2.00	≤0.25/0.30
	窗墙面积比>0.8	≤1.80	≤0.20
屋顶透光部分（屋顶透光部分面积≤20%）		≤2.20	≤0.30

夏热冬暖地区甲类公共建筑围护结构热工性能限值　　　表 5-5

围护结构部位		传热系数 $K[\mathrm{W}/(\mathrm{m}^2 \cdot \mathrm{K})]$	
屋面		≤0.40	
外墙（包括非透明幕墙）	围护结构热惰性指标 D≤2.5	≤0.70	
	围护结构热惰性指标 D>2.5	≤1.50	
外窗（包括透明幕墙）		传热系数 K $[\mathrm{W}/(\mathrm{m}^2 \cdot \mathrm{K})]$	太阳得热系数 $SHGC$（东、南、西向/北向）
单一立面外窗（包括透明幕墙）	窗墙面积比≤0.2	≤4.00	≤0.40
	0.2<窗墙面积比≤0.3	≤3.00	≤0.35/0.40
	0.3<窗墙面积比≤0.4	≤2.50	≤0.30/0.35
	0.4<窗墙面积比≤0.5	≤2.50	≤0.25/0.30
	0.5<窗墙面积比≤0.6	≤2.40	≤0.20/0.25
	0.6<窗墙面积比≤0.7	≤2.40	≤0.20/0.25
	0.7<窗墙面积比≤0.8	≤2.40	≤0.18/0.24
	窗墙面积比>0.8	≤2.00	≤0.18
屋顶透光部分（屋顶透光部分面积≤20%）		≤2.50	≤0.25

温和地区甲类公共建筑围护结构热工性能限值　表 5-6

围护结构部位		传热系数 K[W/($m^2 \cdot$ K)]	
屋面	围护结构热惰性指标 $D \leqslant 2.5$	$\leqslant 0.50$	
	围护结构热惰性指标 $D > 2.5$	$\leqslant 0.80$	
外墙（包括非透明幕墙）	围护结构热惰性指标 $D \leqslant 2.5$	$\leqslant 0.80$	
	围护结构热惰性指标 $D > 2.5$	$\leqslant 1.50$	
底面接触室外空气的架空或外挑楼板		$\leqslant 1.50$	
外窗（包括透明幕墙）		传热系数 K[W/($m^2 \cdot$ K)]	太阳得热系数 $SHGC$（东、南、西向/北向）
单一立面外窗（包括透明幕墙）	窗墙面积比 $\leqslant 0.2$	$\leqslant 5.20$	—
	$0.2 < $ 窗墙面积比 $\leqslant 0.3$	$\leqslant 4.00$	$\leqslant 0.40/0.45$
	$0.3 < $ 窗墙面积比 $\leqslant 0.4$	$\leqslant 3.00$	$\leqslant 0.35/0.40$
	$0.4 < $ 窗墙面积比 $\leqslant 0.5$	$\leqslant 2.70$	$\leqslant 0.30/0.35$
	$0.5 < $ 窗墙面积比 $\leqslant 0.6$	$\leqslant 2.50$	$\leqslant 0.30/0.35$
	$0.6 < $ 窗墙面积比 $\leqslant 0.7$	$\leqslant 2.50$	$\leqslant 0.25/0.30$
	$0.7 < $ 窗墙面积比 $\leqslant 0.8$	$\leqslant 2.50$	$\leqslant 0.25/0.30$
	窗墙面积比 > 0.8	$\leqslant 2.00$	$\leqslant 0.20$
屋顶透光部分（屋顶透光部分面积 $\leqslant 20\%$）		$\leqslant 3.00$	$\leqslant 0.30$

5.2.2 新型建筑材料

新型建筑节能材料主要包括保温隔热材料、新型墙体材料、防水材料和新型节能门窗材料等。

（1）新型保温材料

新型保温材料一般是指导热系数小于等于 0.2W/(m·K) 的材料，具有导热系数低、密度小、防火防水、柔韧性高的特性。新型保温材料包括硅酸铝保温材料、酚醛泡沫材料、膨胀玻化微珠材料和胶粉聚苯颗粒材料等。

1）硅酸铝保温材料

硅酸铝保温材料又称为硅酸铝复合保温涂料，主要原料是天然纤维，添加了一定量的无机辅料，经过复合加工制成了一种新型绿色无机单组分包装干粉保温涂料。施工之前将硅酸铝保温材料用水调配后，刮在被保温的墙体表面，干燥之后即会形成微孔网状的保温绝热层。

2）酚醛泡沫材料

酚醛泡沫材料由热固性酚醛树脂发泡而成，具有轻质、无毒、无烟、防火的特点，使用的温度范围较广，在低温环境下不会脆化和收缩，是暖通制冷工程理想的新型保温材料。由于酚醛泡沫闭孔率高，导热系数低，所以隔热性能较好，并且具有抗水性和水蒸气渗透性。其所散发出来的气味无毒无害，符合国家绿色环保的要求。

3）膨胀玻化微珠材料

膨胀玻化微珠材料是一种用于建筑物内外墙粉刷的新型保温材料，玻化微珠由于表面玻化形成一定的颗粒强度，理化性能稳定，耐老化耐候性强，再加上胶凝材料等其他填充料所组成的干粉砂浆，具有节能利废、防火防冻、保温隔热的优异性能。

4）胶粉聚苯颗粒材料

胶粉聚苯颗粒材料是以预混合型干拌砂浆为主要的凝胶材料，加入了适量的多种添加剂和抗裂纤维，并用聚苯乙烯为轻骨料，按照比例进行配置，在现场加以均匀搅拌。胶粉聚苯颗粒材料导热系数低，保温隔热性能好，抗压强度高，附着力强，施工工艺简单，是使用率较高的一种新型保温材料。

（2）新型墙体材料

新型墙体材料品种众多，主要包括砖、块、板等，如掺废料的黏土砖、非黏土砖、黏土空心砖、加气混凝土、轻质板材、建筑砌块、复合板材等，但数量较少。近年来，我国的墙体材料工业开始走上多品种发展的道路，初步形成了以块板为主的墙材体系，如纸面石膏板、纤维水泥夹心板、混凝土空心砌块等。

（3）防水材料

防水材料是建筑业以及其他相关行业的重要功能材料，新型防水材料包括沥青基防水材料、高分子防水卷材、水泥类防水材料和金属类防水材料等。

1）沥青基防水材料

沥青基防水材料高温变形小、低温柔韧好、粘结力强且具有不透水性。乳化沥青涂刷于材料表面，水分蒸发后，沥青微粒靠拢将乳化剂膜挤裂，相互团聚而粘结成连续的沥青膜层，成膜后的乳化沥青与基层粘结形成防水层。沥青基防水材料又分为溶剂型涂料（汽油、煤油、甲等有机溶剂，将改性的沥青稀释而制得的涂料）和水乳型涂料（以水和乳化剂为稀释剂的涂料）。

2）高分子防水卷材

高分子防水卷材是以合成树脂、合成橡胶或两者共混体为基料，加入适量化学助剂和填充料，经一定工艺而制成的防水卷材，也称为合成高分子防水卷材。这种卷材具有拉伸强度高、断裂伸长率大、抗撕裂强度高、耐热性能好、耐腐蚀、耐老化及可冷施工等优越的性能。橡胶基防水卷材以橡胶为主体原料，加入各种助剂，经一定工序制成。聚氯乙烯（PVC）防水卷材是以聚氯乙烯树脂为基料，掺入一定量助剂和填充料而制成的柔性卷材。橡塑共混基防水卷材兼有塑料和橡胶的优点，弹、塑性好，耐低温性能优异。

3）水泥类防水材料

水泥类防水材料是在水泥中分别加入树脂乳胶、细砂、活性硅等不同添加剂，混合不同的物质来增强水泥的抗透水性。包括水和凝固型防水材料、渗透性防水材料和水泥砂浆添加剂等。

4）金属类防水材料

金属类防水材料包括薄钢板、镀锌钢板、压型钢板、涂层钢板等。薄钢板用于地下室或地下构筑物的金属防水层。薄铜板、薄铝板、不锈钢板可制成建筑物变形缝的止水带。

（4）新型节能门窗材料

1）节能门、窗框材料

新型节能门、窗框材料包括铝合金断热型材、铝木复合型材、钢塑共挤型材以及PVC-U塑料型材等。其中铝合金断热型材是在老铝合金材料的基础上为了提高门窗保温性能而推出的改进型型材，通过增强尼龙隔条将铝合金型材分为内外两部分阻隔了铝的热传导。铝木复合门窗采用外铝内木的结构方式，玻璃大多采用多层中空钢化玻璃。"断桥＋中空"结构增强了隔声性和密封性，起到了保温、隔热的作用，大幅减少了取暖和制冷的能量消耗。钢塑共挤型材，从外到内分别为硬质塑料结皮、微发泡塑料、铝衬，即以铝合金为型材骨架，在内层铝衬外层包覆了一层4mm的发泡塑料作为保温层，在铝衬挤出的同时，将受热融化的塑料通过模具发泡均匀地包覆在铝衬上。具有强度高、保温性能优异、隔声性能良好的特点。PVC-U塑料窗主体型材是由热塑性塑料（PVC）为基料，经加热加压挤出制成的。PVC树脂导热系数极低，由空腔型材组成的窗框有良好的隔热性，可以大大减少室内热损失。

2）节能门窗玻璃

节能门窗玻璃包括中空玻璃、镀膜玻璃、夹胶玻璃及智能玻璃等。

中空玻璃是将两片或多片玻璃组合而成，玻璃之间形成有干燥气体的空腔，密闭空间内部充入空气或其他惰性气体。由于这些气体的导热系数远远小于玻璃材料的导热系数，因此具有较好的隔热能力。但需注意，充入的气体必须保持干燥，防止在玻璃内侧结露。

镀膜玻璃是在玻璃表面镀一层或多层金属、合金或金属化合物的薄膜，以改变玻璃的光学性能。镀膜玻璃又包括热反射玻璃和低辐射玻璃（Low-E玻璃）。热反射玻璃是对太阳能有反射作用的镀膜玻璃，其反射率可达20%～40%，阻挡太阳光进入室内。低辐射玻璃有较高的可见光透过率和良好的热阻性能，与普通玻璃相比，可以反射80%以上的红外热辐射，同时对可见光具有高透射率。具有良好的隔热性和透光性。

夹胶玻璃是把 PVB（EVA）胶片夹在两层或者多层玻璃中间，经预热、预压后进入设备内热压成型。一旦受到外力撞击后破碎，碎片与中间膜粘在一起，整块玻璃仍然保持一体。夹胶玻璃可以有效阻挡紫外线，有良好的隔热性能，可节电节能。

智能玻璃在玻璃表面涂抹二氧化钒和钨的混合物，可以根据天气和温度变化改变颜色。中午时，朝南方向的玻璃，随着阳光辐射量的增加，会自动变暗，与此同时，处在阴影下的其他朝向的玻璃开始变明亮。在冬季，朝北方向的智能窗户玻璃可以为建筑物提供 70％的太阳辐射量。

5.2.3 围护结构节能工艺

（1）外墙的节能设计

在建筑负荷中，通过外墙传热产生的冷热负荷占建筑总负荷的近 1/4，为此提高外墙的保温隔热性能是十分必要的。除了一些热阻较高的墙体以外，大部分墙体难以实现自保温，都需要将保温材料和基层墙体相结合。外墙的保温形式主要有外保温、内保温、中保温和组合保温。前三种保温形式是根据绝热材料在墙体中的位置划分的。组合保温是一种特殊形式，主要是内保温与中保温或外保温的组合。

外保温是指保温材料设置在基层墙体外部。外保温是目前使用最多的保温形式，具有以下几个特点：1）保温隔热性能较好；2）热稳定性好；3）相比其他形式保温，外保温能消除冷热桥，而内保温和中保温均存在这一问题；4）不占用室内面积；5）可以保护建筑主体结构，对于新建建筑和既有建筑节能改造均适用，但是施工难度较大。外保温结构包括面层、防护层、保温层、粘结层。对于保温材料的要求是导热系数低、吸湿率低、粘结性高。一般采用的材料有膨胀型聚苯乙烯聚苯板（EPS）、挤塑聚苯乙烯板（XPS）、岩棉、聚氨酯硬泡体、玻璃棉等。EPS 即聚苯乙烯泡沫，是一种轻型高分子聚合物，将聚苯乙烯树脂加入发泡剂，并进行加热软化，产生气体，形成一种硬质闭孔结构的泡沫塑料。根据国家建筑标准设计图集《外墙外保温建筑构造》10J121，下面主要介绍 EPS 板抹灰外墙外保温系统、胶粉 EPS 颗粒保温系统、EPS 板现浇混凝土外保温系统、EPS 钢丝网架板现浇混凝土外保温系统、现场喷涂硬泡聚氨酯外保温系统。

EPS 板抹灰外墙外保温系统主要有粘结层、保温层、薄抹面层、饰面涂层。该保温系统的特点是传热系数小、保温性能优良、重量轻，适用于混凝土和砌体结构外墙的外保温，尤其可以作为既有建筑节能改造的外保温。

胶粉 EPS 颗粒保温系统的特点是施工方便、经济性好，但是其传热系数较大。胶粉 EPS 颗粒保温系统构造如图 5-1 所示。基层墙体一般为钢筋混凝土墙或各种砌体墙（砌体墙需用水泥砂浆找平）。界面层多为界面砂浆。抹面层一般为抹面胶浆复合耐碱玻纤网格布加上弹性底涂，总厚度为 3～5mm，如果为加强型则增设一层耐碱玻纤网格布，总厚度为 5～7mm。饰面层有两种形式，分别为涂料饰面和面砖饰面，涂料饰面一般为柔性耐水腻子加上涂料，面砖饰面为面砖粘结砂浆、面砖及勾缝料。

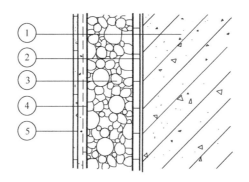

图 5-1　胶粉 EPS 颗粒保温系统构造

①基层墙体；②界面层；③保温层；④抹面层；⑤饰面层

EPS 板现浇混凝土外保温系统的优势是混凝土墙体与保温层结合紧密，且能一次浇筑成型，造价较低。EPS 板现浇混凝土外保温系统构造如图 5-2 所示。基层墙体为钢筋混凝土墙体。保温层为双面经界面砂浆处理的竖向凹槽 EPS 板，EPS 板上需安装塑料卡钉。过渡层为胶粉 EPS 颗粒保温浆料，厚度不小于 10mm。饰面层有两种形式，分别为涂料饰面和面砖饰面，涂料饰面一般为柔性耐水腻子加上涂料，面砖饰面为面砖粘结砂浆、面砖及勾缝料。抹面层根据饰面层的不同而做法不同，对于涂料饰面，抹面层一般为抹面胶浆复合玻纤网格布加弹性底涂；对于面砖饰面，抹面层为第一遍抗裂砂浆、热镀锌金属网及第二遍抗裂砂浆。

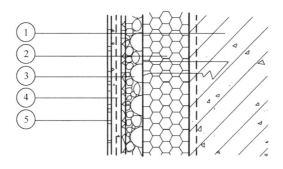

图 5-2　EPS 板现浇混凝土外保温系统构造

①基层墙体；②保温层；③过渡层；④抹面层；⑤饰面层

EPS 钢丝网架板现浇混凝土外保温系统的优点是钢筋混凝土和外保温的施工可同步进行，可靠性高，适用于面砖粘贴。EPS 钢丝网架板现浇混凝土外保温系统构造如图 5-3 所示。基层墙体为钢筋混凝土墙体。保温层为双面经界面砂浆处理的钢丝网架 EPS 板。过渡层为胶粉 EPS 颗粒保温浆料。饰面层有两种形式，分别为涂料饰面和面砖饰面，涂料饰面一般为柔性耐水腻子加上涂料，面砖饰面为面砖粘结砂浆、面砖及勾缝料。抹面层根据饰面层的不同而做法不同，对于涂料饰面，抹面层一般为抗裂砂浆复合耐碱玻纤网格布加弹性底涂；对于面砖饰面，抹面层为第一遍抗裂砂浆、热镀锌金属网及第二遍抗裂砂浆。

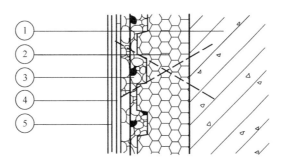

图 5-3　EPS 钢丝网架板现浇混凝土外保温系统构造
①基层墙体；②保温层；③过渡层；④抹面层；⑤饰面层

现场喷涂硬泡聚氨酯外保温系统的特点是无须胶粘剂和锚固件，能形成连续保护层，有效隔断热桥。现场喷涂硬泡聚氨酯外保温系统构造如图 5-4 所示，基层墙体一般为钢筋混凝土墙或各种砌体墙（砌体墙需用水泥砂浆找平）。界面层为聚氨酯界面剂。保温层为喷涂硬泡聚氨酯。找平层为 20mm 厚胶粉 EPS 颗粒砂浆。抹面层一般为抹面胶浆复合耐碱玻纤网格布。饰面层为柔性耐水腻子加上涂料。

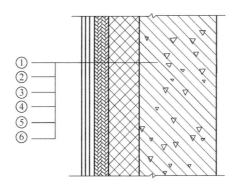

图 5-4　现场喷涂硬泡聚氨酯外保温系统
①基层墙体；②界面层；③保温层；④找平层；⑤抹面层；⑥饰面层

内保温是指保温材料设置在基层墙体内侧。内保温施工方便，造价较低，但是会占用室内建筑空间，不适用于既有建筑节能改造。一般用于不连续使用空调的公共建筑。由于其存在热桥和墙内部结露的问题，所以我国北方地区不适用内保温形式。相反，内保温在南方地区较为适宜，因为南方地区一般为间歇供暖。内保温材料要求导热系数小且需要有符合要求的防火性能，尤其对于航站楼、客运站等人流密集场所需要满足相应耐火等级。内保温材料的结构包括保护层、保温层、空气层、墙体结构层。内保温的主要做法为硬质建筑保温制品内贴、保温挂装等。其中硬质建筑保温制品内贴是主要的外墙内保温形式。

根据国家建筑标准设计图集《外墙内保温建筑构造》11J122，下面主要介绍复合板内保温系统、保温板内保温系统以及保温砂浆内保温系统。

复合板内保温系统为置于建筑物外墙内侧的保温及面层材料一体化产品，由保温复合板、粘结材料、嵌缝材料等组成。复合板是用保温层单面复合面层材料在工厂预制成型的板状制品，用于外墙内侧，具有保温、隔热和防护功能。复合板内保温系统构造见表5-7。

复合板内保温系统构造 表5-7

分类	构造示意图	①基层墙体	保温系统构造			
			②粘结层	③复合板		④饰面层
				保温层	面板	
A1~A9 复合板系统		钢筋混凝土墙体 各种砌体墙体	胶粘剂或粘结石膏＋锚栓	模塑聚苯乙烯泡沫塑料（EPS） 挤塑聚苯乙烯泡沫塑料（XPS） 硬泡聚氨酯（PU）	纸面石膏板（厚度≥9.5mm） 无石棉纤维水泥平板（厚度≥6mm） 无石棉硅酸钙板（厚度≥6mm）	腻子层＋涂料或墙纸（布）或面砖
A10~A12 复合板系统		钢筋混凝土墙体 各种砌体墙体	胶粘剂或粘结石膏＋锚栓	纸蜂窝填充憎水膨胀珍珠岩保温板	纸面石膏板（厚度≥9.5mm） 无石棉纤维水泥平板（厚度≥6mm） 无石棉硅酸钙板（厚度≥6mm）	腻子层＋涂料或墙纸（布）或面砖

保温板内保温系统做法，是在外墙内基面先用专用粘结剂粘贴保温板，然后抹抹面胶浆，并用中碱玻纤网格布增强，再用腻子刮平。施工简便，整体性好。保温板可分为有机保温板和无机保温板两种，其性能有所不同。保温板内保温系统构造见表5-8。

保温砂浆内保温系统具有极佳的温度稳定性和化学稳定性，施工简单，造价较低，并且可以阻止冷热桥产生，广泛应用于工程当中。保温砂浆分为聚苯颗粒保温砂浆和无机保温砂浆两种。保温砂浆内保温系统构造见表5-9。

保温板内保温系统构造 表 5-8

分类	构造示意图	①基层墙体	保温系统构造			
			②粘结层	③保温层	防护层	
					④抹面层	⑤饰面层
B1~B3 有机保温板内保温系统		钢筋混凝土墙体 各种砌体墙体	胶粘剂或粘结石膏	模塑聚苯乙烯泡沫塑料（EPS）挤塑聚苯乙烯泡沫塑料（XPS）硬泡聚氨酯（PU）（厚度由设计要求确定）	做法 1：6mm 抹面胶浆复合涂塑中碱玻璃纤维网布 做法 2：用底层粉刷石膏 8~10mm 厚横向压入 A 型中碱玻璃纤维网布；涂刷 2mm 厚专用胶粘剂压入 B 型中碱玻璃纤维网布	腻子层+涂料或墙纸（布）或面砖
B4 无机保温板内保温系统		钢筋混凝土墙体 各种砌体墙体	胶粘剂	无机保温板 发泡水泥保温板 KMPS 防火保温板（厚度由设计要求确定）	抹面胶浆+耐碱玻璃纤维网布	腻子层+涂料或墙纸（布）或面砖

保温砂浆内保温系统构造 表 5-9

分类	构造示意图	系统的基本构造				
		①基层墙体	②界面层	③保温层	防护层	
					④抹面层	⑤饰面层
C1 聚苯颗粒保温砂浆		钢筋混凝土墙体 各种砌体墙体	界面砂浆	聚苯颗粒保温砂浆	抹面胶浆+耐碱玻璃纤维网布	涂料或墙纸或面砖或软瓷
C2 无级保温砂浆		钢筋混凝土墙体 各种砌体墙体	界面砂浆	无机保温砂浆	抹面胶浆+耐碱玻璃纤维网布	涂料或墙纸或面砖或软瓷

　　外墙中保温是指保温材料设置于墙体中间空腔，也称夹心保温。中保温的热稳定性好，但是由于保温层设置在墙体内侧导致墙体厚度增加，需要有内外叶墙之间的联结构造，而且内外叶墙的载荷不同，须有相应措施防止墙体开裂。中保温在公共建筑

中有所应用。中保温材料的要求是导热系数小且需要有符合要求的防火性能，并且抗渗性高。

（2）外窗的节能设计

外窗的节能设计主要考虑以下几个方面：窗墙比、传热系数、遮阳系数、气密性。

窗墙比的大小、建筑体形系数的大小及外窗传热系数需要综合考虑，在《公共建筑节能设计标准》GB 50189—2015 中对我国各个建筑气候区在不同窗墙比的范围、建筑体形系数的范围，规定了外窗传热系数的范围。对于外窗传热系数的降低，即降低外窗热阻，可以采用上文所述新型门窗材料，如 Low-E 中空玻璃、充惰性气体的 Low-E 中空玻璃、多层 Low-E 中空玻璃、Low-E 真空玻璃等，严寒地区一般可采用双层外窗。

降低外窗遮阳系数，可采用遮阳系数适中的窗玻璃，以及对太阳辐射照度大的建筑立面上的外窗设置遮阳装置。保温性能好且遮阳系数低的窗玻璃材料主要有单片吸热玻璃、单片镀膜玻璃（如热反射镀膜、Low-E 镀膜等）、吸热中空玻璃、镀膜中空玻璃（如热反射镀膜、Low-E 镀膜等、涂膜玻璃等）。

（3）屋面的节能设计

屋面具有承受载荷及抵抗恶劣天气带来的不利影响的功能，所以屋面结构具有一定的防水和保温性能。屋面结构分为屋面层、结构层、保温层和顶棚。屋面的节能设计主要有三种形式，主要是根据防水层、结构层、保温层的顺序不同定义的：1）防水层位于保温层上，也称热屋面保温，主要用于平屋顶。2）防水层和保温层之间设空气层，也称冷屋面保温，可用于平屋顶和坡屋顶，经济性好，但是要保证空气层不结露，需要做好通风。3）保温层位于防水层上，也称倒置保温，这种形式受天气变化的直接影响小，但是对保温材料有吸水率低和保温性能稳定的要求。根据国家建筑标准设计图集《平屋面建筑构造》12J201，常见的平屋面构造形式有卷材、涂膜防水屋面，倒置式屋面，架空屋面，种植屋面，蓄水屋面等。

卷材、涂膜防水屋面是指屋面最上一层（除保护层）防水为卷材防水层、涂膜防水层、卷材加涂膜的防水层复合防水层的平屋面。其结构形式示意图如图 5-5 所示，自上而下为保护层、防水层、找平层、找坡层、保温层、隔汽层、结构层。保温层材

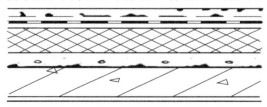

图 5-5 卷材、涂膜防水屋面构造示意图

料要求吸水率低、导热系数小，且具有一定强度。

倒置式屋面是将保温层设置在防水层上的屋面，其结构形式示意图如图 5-6 所示，自上而下为结构层、找坡层、找平层、防水层、保温隔热层、隔离层、保护层。倒置式屋面在严寒及多雪地区不适用。保温材料宜选用板状制品，应具有适宜的密度、耐压缩性、导热系数、高憎水性和抗湿性，体积吸水率不应大于 3％。

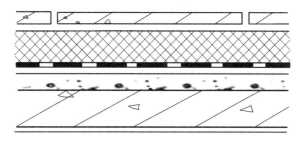

图 5-6　倒置式屋面构造示意图

架空屋面是采用防止太阳直接照射屋面上表面的隔热措施的一种平屋面，其结构形式示意图如图 5-7 所示，自上而下依次为架空隔热层、保护层、防水层、找平层、找坡层、保温层、结构层。架空屋面的做法为在卷材、涂膜防水屋面或倒置式屋面上作支墩或支架和架空板。架空屋面适宜在通风较好的建筑上使用，适用于夏季炎热或较炎热的地区。

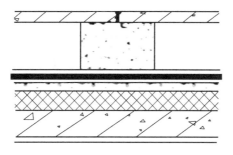

图 5-7　架空屋面构造示意图

此外，种植屋面是在屋面防水层上铺设种植土，种植植物，可以保温隔热、保护环境，有助于减轻城市热岛效应，吸收空气中的有毒有害物质。种植屋面分为花园式种植和简单式种植。蓄水屋面是平屋面的保温隔热做法，适用于炎热地区的一般民用建筑，不适用于寒冷地区、地震设防地区和震动较大的建筑。

坡屋面是指坡度大于 10％的屋面。坡屋面的优点是外观优美，防水性能较好，但是自重过大，施工难度大。根据国家建筑标准设计图集《坡屋面建筑构造》09J202，坡屋面的主要形式有块瓦屋面、沥青瓦屋面、波形瓦屋面、防水卷材坡屋面、种植坡屋面。保温层设在结构层的上面，即屋面外保温；当有吊平顶的坡屋面时，保温层也可设在结构层下部，或吊平顶处，即屋面内保温。平瓦屋面示意图如图 5-8 所示，自上而下依次为平瓦、挂瓦条、防水垫层、顺水条、保温隔热层、钢筋混凝土屋面板。

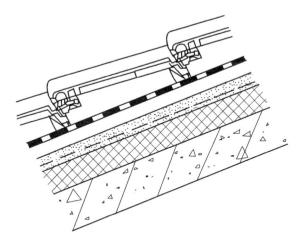

图 5-8　平瓦屋面

（4）幕墙的节能设计

建筑幕墙是悬挂在建筑结构框架外的外墙围护构件。建筑幕墙与外窗的区别在于，外窗的四边嵌入框架且固定在框架上，或固定在两相对侧面上。具有透光幕墙的建筑，结构位于幕墙的后面，可透过幕墙看到结构。建筑幕墙分为非透光建筑幕墙和透光建筑幕墙，尤其透明幕墙主要是玻璃幕墙，保温隔热性能很低，带来的缝隙渗漏和供冷季太阳辐射得热使得建筑能耗增大。对非透光建筑幕墙和透光建筑幕墙的传热系数的要求是分别同对外墙、外窗的要求划分在一起的，幕墙的传热系数在计算时包括幕墙、结构、保温层的综合传热系数。对于透光幕墙的传热系数，在《公共建筑节能设计标准》GB 50189—2015 中有明确规定，当公共建筑入口大堂采用全玻幕墙时，全玻幕墙中非中空玻璃的面积不应超过同一立面透光面积（门窗和玻璃幕墙）的 15％，且应按同一立面透光面积（含全玻幕墙面积）加权计算平均传热系数。

在《玻璃幕墙工程技术规范》JGJ 102—2003 中规定，使用玻璃幕墙的建筑有保温要求时，应使用中空玻璃时气体层厚度不应小于 9mm，应采用双道密封，中空玻璃的间隔铝框可采用连续折弯型和插角型，不得使用热熔型间隔胶条。玻璃幕墙的隔热保温材料，宜采用岩棉、矿棉、玻璃棉、防火板等不燃或难燃材料。玻璃幕墙气密性能不应低 3 级。常见的玻璃幕墙结构有构件式幕墙、单元式幕墙、全玻璃幕墙、点支式玻璃幕墙。构件式玻璃幕墙是指在现场依次安装立柱、横梁和玻璃面板的框支撑玻璃幕墙。单元式玻璃幕墙是将面板和金属框架（横梁、立柱）在工厂组装为幕墙单元，以幕墙单元形式在现场完成安装施工的框支撑玻璃幕墙。全玻璃幕墙是指面板和肋板全为玻璃的幕墙。全玻璃幕墙一般不设置开启窗，但是根据需要设置玻璃门，玻璃同时作为饰面构件和承重构件。全玻璃幕墙的玻璃一般采用钢化玻璃或者夹层钢化玻璃。点支式玻璃幕墙由装饰面玻璃、驳接组件支承结构组成。

6 供暖通风与空气调节

6.1 空调负荷特征与现状

6.1.1 空调负荷

空调负荷主要包括设计区域空调冷负荷和湿负荷。对于冷负荷，定义为直接发生在该区域内的得热负荷，具体内容可参照《民用建筑供暖通风与空气调节设计规范》GB 50736—2012第7.2.2条。对于港口和公路客运站，其占地面积一般较大，且窗墙比取值比较高或建筑外墙采用玻璃幕墙的形式，因此在负荷计算时要考虑到玻璃幕墙的影响。对于湿负荷，由于同一天内不同时刻旅客聚集情况差异较大，且不同功能区的集群系数存在较大差异，因此应根据不同功能区合理确定相应的集群系数和湿源种类。根据《民用建筑供暖通风与空气调节设计规范》GB 50736—2012第7.2.9条进行逐项湿负荷计算，找到综合最大值。

空气调节系统夏季冷负荷由所服务空调区域的同时使用情况、系统类型以及控制策略等各种因素决定。对于客运站建筑，其内部有多种功能区，计算系统负荷时应乘以相应的同时使用系数。空调系统负荷包括空气末端负荷、新风负荷以及由于风管传热造成的负荷等。相关规定可参照《民用建筑供暖通风与空气调节设计规范》GB 50736—2012第7.2.10条和第7.2.11条。

实地调研了大量国内不同气候区的港口和公路客运站建筑的全年能耗情况，再经过分析与计算得到空调与供暖能耗情况，结合供暖期与空调期的时间，给出公路和港口客运站建筑的空调与供暖负荷现状。

国家科技支撑计划课题"高铁、港口及公路客运站节能关键技术与示范"研究过程中，采用实地调研的方法，对寒冷地区、夏热冬暖地区的港口和公路客运站及夏热冬暖地区、温和地区的公路客运站的建筑概况、供暖空调系统、运营信息、用能设备及能耗账单等相关数据进行了调研，调研对象的基本情况如表6-1～表6-7所示。调研内容包括客运站建筑信息、能源消耗账单、设备明细及用能习惯、客运站运营情况四个部分。

（1）能源消耗账单：通过查阅财务部门的能源台账，获取包括建筑耗电量、耗燃气量、耗蒸汽量、耗煤量、耗油量、市政热水耗热量及可再生能源使用情况的逐月或年能耗账单。

（2）建筑信息：包括客运站建设年代、围护结构构造状况、建筑面积、建筑层数，建筑物的设计说明书、竣工图纸等。

（3）运营情况：包括客运站地理位置、客运站站级、逐月或年旅客发送人数、营业时间等。

（4）设备明细及用能习惯：包括主要用能房间的照明灯具、用电设备及建筑电梯系统的配置情况和使用情况，重点是获取建筑冷热源机房、生活给水泵房、供配电室等设备间内的大功率用电设备的明细信息。

严寒地区公路客运站建筑基本情况　　　　　　　　　　　　表 6-1

编号	B01	B02	B03	B04	B05	B06	B07
建设时间	2014 年	1993 年	2007 年	2006 年	2004 年	1997 年	2005 年
建筑面积（m²）	18290	6800	16061	2250	9876	6088	2500
建筑层数	地上 3 层 地下 2 层	2	地上 2 层 地下 1 层	3	2	2	2
车站站级	一级	一级	一级	一级	一级	一级	一级
日营业时间（h）	12	13.5	12	13	11.5	12.5	12
年旅客发送量（万人）	255.50	288.60	137.98	45.37	68.40	87.90	53.50
冷源形式	水冷式机组	吸收式冷热水机组	无	无	无	分体空调	无
热源形式	市政热水	市政热水	市政热水	市政热水	市政热水	市政热水	市政热水
候车厅空调形式	全空气系统	风机盘管＋新风系统	电风扇	无	电风扇	电风扇	电风扇
办公室空调形式	风机盘管＋新风系统	风机盘管＋新风系统	分体空调	无	电风扇	分体空调	电风扇
候车厅供暖形式	辐射地板	辐射地板	散热器	辐射地板	散热器	散热器 电暖气	辐射地板
办公室供暖形式	散热器	辐射地板	辐射地板	辐射地板	散热器	散热器	辐射地板

寒冷地区公路客运站建筑基本情况　　　　表 6-2

编号	B08	B09	B10	B11	B12	B13
建设时间	2005 年	2014 年	2006 年	1986 年	1992 年	2009 年
建筑面积（m²）	6500	6600	13000	2430	1922	4800
建筑层数	4	4	3	3	3	3
客运站站级	一级	一级	一级	三级	三级	二级
日营业时间（h）	11	12.5	12	11	11	11
年旅客发送量（万人）	31.6	55.4	20	5.88	12.35	2
冷源形式	吸收式冷水机组	地源热泵	多联机	分体空调	分体空调	分体空调
热源形式	吸收式冷水机组	地源热泵	多联机	分体空调	燃气锅炉	分体空调
候车厅空调形式	全空气系统	风机盘管＋新风系统	多联机	电风扇	电风扇	无
候车厅供暖形式	风机盘管＋新风系统	风机盘管＋新风系统	多联机	无	散热器	无
办公室空调形式	辐射地板	风机盘管＋新风系统	多联机	分体空调	分体空调	分体空调
办公室供暖形式	辐射地板	风机盘管＋新风系统	多联机	分体空调	散热器	分体空调

夏热冬暖地区公路客运站建筑基本情况　　　　表 6-3

编号	B14	B15	B16	B17	B18	B19	B20
建筑时间	2007 年	1999 年	1995 年	1994 年	2003 年	1991 年	2009 年
建筑面积（m²）	16969.19	6500	746	677.26	6100	1800	914
建筑层数	4+2	3+1	2	1	5+1	3	3
车站站级	一级	一级	二级	二级	二级	二级	二级
日营业时间（h）	15	14.5	13.5	12.5	15.5	16	12
年旅客发送量（万人）	95.73	32.72	14.18	0.79	140.55	79.62	7.6

编号	B14	B15	B16	B17	B18	B19	B20
冷源形式	水冷机组	水冷机组	分体空调	分体空调	水冷机组	分体空调	分体空调
候车厅空调形式	全空气系统	全空气系统	电风扇	无	全空气系统	分体空调	分体空调
办公室空调形式	风机盘管＋新风	风机盘管＋新风	分体空调	分体空调	分体空调	分体空调	分体空调

温和地区公路客运站建筑基本情况 表6-4

编号	B21	B22	B23	B24
建设时间	2008年	2010年	2009年	2009年
建筑面积（m²）	7486.08	7152	6000	5129.1
建筑层数	3+1	3+1	3	3
车站站级	一级	一级	一级	一级
日营业时间（h）	15.5	15.5	14.5	12
年旅客发送量（万人）	261.63	249.05	286.00	164.04

夏热冬冷地区公路客运站建筑基本情况 表6-5

编号	B25	B26	B27	B28	B29
建设时间	2002年	2015年	2016年	2010年	2016年
建筑面积（m²）	14791	20000	2850	3638.83	15361.4
建筑层数	2	4+1	2+1	2	2+1
车站站级	一级	一级	一级	二级	一级
日营业时间（h）	13	16.5	12.5	13	12.5
常驻工作人员数量（人）	35	45	20	23	41
年旅客发送量（万人）	139.1	451	37.78	142.12	140.55
冷源形式	风冷机组	多联机	地源热泵	水冷机组	风冷机组
候车厅空调形式	风机盘管＋新风	多联机	全空气系统	全空气系统	全空气系统
办公室空调形式	分体空调	多联机	全空气系统	全空气系统	风机盘管＋新风

寒冷地区港口和公路客运站建筑基本情况   表 6-6

编号	S1	S2	S3	S4	S5
建设时间	2013 年	1995 年	2006 年	1995 年	2015 年
建筑面积（m²）	40000	7407.8	4200	2930.8	6902.2
建筑层数	3＋1	5	4	2	2
建筑朝向	—	南北	南北	南北	东西
日营业时间（h）	15	24	16	12	14
年旅客发送量（万人）	85.8	113.19	47.15	32.74	22.55
冷源形式	水冷机组	分体空调	地源热泵	分体空调	风冷热泵
热源形式	市政热水	分体空调	地源热泵	市政热水	市政热水
候船厅空调形式	风机盘管＋新风	分体空调	风机盘管＋新风	立式分体空调	全空气系统
办公室空调形式	风机盘管＋新风	分体空调	风机盘管＋新风	分体空调	风机盘管＋新风
候船厅供暖形式	风机盘管＋新风	分体空调	风机盘管＋新风	散热器	辐射地板供暖
办公室空调形式	风机盘管＋新风	分体空调	风机盘管＋新风	散热器	辐射地板供暖

夏热冬暖地区港口和公路客运站建筑基本情况   表 6-7

编号	S6	S7	S8
建设时间	1994 年	2015 年	2008 年
建筑面积（m²）	5620	6440	5223.52
建筑层数	2	2	3
建筑朝向	南北	南北	南北
日营业时间（h）	24	24	24
年旅客发送量（万人）	293.47	251.52	290.24
冷源形式	分体空调	分体空调	分体空调

编号	S6	S7	S8
候船厅空调形式	分体空调	分体空调	分体空调
办公室空调形式	分体空调	分体空调	分体空调

所调研公路客运站建筑使用的能源形式为电力、天然气和市政热水，其用途如表6-8所示。

不同能源形式的用途 表6-8

能源形式	用途
电力	照明、电器、设备、供暖、空调
天然气	供暖、空调
市政热水	供暖

所调研公路客运站建筑均未安装分项能耗计量系统，难以直接获得空调与供暖能耗。由于建筑过渡期耗电量主要用于照明系统和电器设备系统，与室外气候条件无关，可近似认为该项在全年中各月变化不大，因此对于获取全年逐月能耗账单的建筑，结合客运站建筑实际空调系统和供暖系统运行期，利用过渡期与空调期、供暖期之间的能耗差异值，采用能耗分拆的方法，并参考《民用建筑能耗分类及表示方法》GB/T 34913—2017将各类型能源形式折算为等效电力，得到建筑空调系统年能耗、供暖系统年能耗。建筑过渡期月平均电耗、空调系统年能耗、供暖系统年能耗计算公式如式（6-1）～式（6-3）所示。

$$E_{\mathrm{gd},j} = \frac{\sum_{i=1}^{M} E_{\mathrm{gd},i}}{M} \qquad (6\text{-}1)$$

式中　$E_{\mathrm{gd},j}$——过渡期月平均耗电量，kWh/月；

　　　$E_{\mathrm{gd},i}$——过渡期第 i 个月的耗电量，kWh；

　　　M——过渡期总月数，月。

$$E_{\mathrm{c}} = E_{\mathrm{cz}} - E_{\mathrm{gd},j} \times N_{\mathrm{c}} \qquad (6\text{-}2)$$

式中　E_{c}——建筑空调系统年能耗，kWh/a；

　　　E_{cz}——空调期总能耗，kWh/a；

　　　$E_{\mathrm{gd},j}$——过渡期月平均耗电量，kWh/月；

　　　N_{c}——空调季月数，月。

$$E_{\mathrm{n}} = E_{\mathrm{nz}} - E_{\mathrm{gd},j} \times N_{\mathrm{n}} \tag{6-3}$$

式中　E_{n}——建筑供暖系统年能耗，kWh/a；

　　　E_{nz}——供暖期总能耗，kWh/a；

　　$E_{\mathrm{gd},j}$——过渡期平均耗电量，kWh/月；

　　　N_{n}——供暖期月数，月。

经计算，所调研公路客运站建筑单位面积空调系统综合能耗的平均值为 13.45kWh/(m²·a)，其中严寒地区公路客运站建筑单位面积空调系统综合能耗平均值为 2.21 kWh/(m²·a)，寒冷地区公路客运站建筑单位面积空调系统综合能耗平均值为 13.54kWh/(m²·a)，夏热冬暖地区公路客运站建筑的单位面积空调能耗平均值为 24.75kWh/(m²·a)，同一气候区各样本建筑单位面积空调能耗差异较小，但总体样本建筑的空调系统能耗存在较大差异，调研发现严寒地区公路客运站的旅客聚集区域较少或不使用空调设备，其空调系统能耗远低于寒冷地区。同一气候分区内，设置集中空调系统的公路客运站建筑空调能耗高于设置分体空调和电风扇的客运站建筑。

公路客运站建筑各单位面积供暖系统综合能耗平均值为 43.63kWh/(m²·a)。严寒地区和寒冷地区公路客运站建筑平均供暖系统综合能耗分别为 53.49kWh/(m²·a) 和 38.70kWh/(m²·a)。由于各个公路客运站建筑使用的能源类型、冷热源形式、空调系统形式各有不同，直接比较供暖系统耗电量的数值大小不能准确反映建筑的供暖能耗水平。根据所调研公路客运站建筑的热源形式及供暖期热源能源消耗量，可计算建筑供暖期的耗热量。计算得到，严寒地区公路客运站建筑年平均耗热量为 0.66GJ/(m²·a)，寒冷地区公路客运站建筑年平均耗热量为 0.30GJ/(m²·a)。

对于港口客运站，寒冷地区公路港口客运站建筑的单位面积空调能耗平均值为 10.72kWh/(m²·a)，夏热冬暖地区港口客运站建筑的单位面积空调能耗平均值为 34.72kWh/(m²·a)，寒冷地区港口客运站建筑的单位面积空调能耗明显低于夏热冬暖地区；寒冷地区各样本建筑的单位面积空调能耗存在较大差异，而夏热冬暖地区则比较均衡。寒冷地区港口客运站单位面积供暖能耗平均值为 25.37kWh/(m²·a)。

6.1.2　空调负荷构成及影响因素

公路和港口客运站建筑的空调负荷主要由以下几个部分构成：围护结构负荷、人员负荷、新风及渗透风负荷、灯光负荷、设备负荷。围护结构的冷负荷主要考虑外墙、架空楼板、屋面和外窗的传热冷负荷，外窗的太阳辐射冷负荷以及内围护结构的传热冷负荷，围护结构的传热冷负荷主要受围护结构的热工性能与室内外温度计算参数的影响，因此在建筑的设计之初就要注重围护结构的热工设计，其热工性能需要满足本指南第 5 章中的热工参数要求。

对于室内外计算参数，主要根据房间类型和地区来确定，一般的舒适性空调室内计算参数相差较小，但不同气候区室外计算参数差值较大，在相同的建筑热工性能下，不同气候区围护结构负荷指标存在明显差异。同时，外窗的太阳辐射冷负荷也是围护结构负荷中重要部分，它主要与外窗的朝向和外窗遮阳情况有关。人员负荷是指人体显热散热形成的冷负荷，主要与空调区的人数有关，对于港口和公路客运站建筑来说，人员数量随时间波动大，整体人员数量多，导致人员及新风负荷高于一般的办公建筑。总体来说，港口和公路客运站建筑的冷负荷指标为 $120 \sim 160 \mathrm{W/m^2}$。

6.1.3 港口和公路客运站空调负荷特征

（1）港口和公路客运站具有空间跨度大、功能复杂、人流密度高和运营时间长的特点，导致建筑综合能耗水平较高。

（2）港口和公路客运站兼具办公和公共空间，公共空间分别以候船厅和候车厅为主，空间较大，并具有较大的人流量，而且，由于客运站建筑围护结构多用玻璃幕墙装饰，建筑负荷较大，多方面原因导致港口和公路客运站建筑暖通空调系统能耗占比较大。

（3）由于港口和公路客运站的功能需要，运营时间长，有些甚至达到 24h 运行，大大提高了照明和设备能耗，并增大了建筑空调负荷。

（4）由港口旅客候船时间分布可以看到，旅客在港口只做短时间停留，对室内热环境的要求较低，对温度接受范围偏大，可以适当调整冬夏季室内温度来降低港口客运站建筑负荷。

（5）港口和公路客运站的客流量随季节波动很大，对客运站能源系统的调控提出了很高的要求，高峰期需要客运站具备消纳大量旅客的客运能力，而且负荷较大，需要暖通空调系统具有相应的供暖量和制冷量，但低谷期需要调整客运站能源系统的运行情况，以降低能耗，减少能源的浪费。

6.2 冷源与热源能效

6.2.1 国内外港口和公路客运站冷热源形式现状

（1）常用的建筑冷源

目前建筑空调系统常用的冷源都是人工冷源（表 6-9），按消耗的能量可以分为两大类：一类是消耗机械功实现制冷的冷源，机械功可以由电动机来提供，实际上是消耗电能，也可以由发动机（燃气机、柴油机等）来提供，但此类制冷机目前应用很少，最常使用的就是电力驱动的蒸汽压缩式冷水机组。按照冷却介质的不同可以分为风冷型和水冷型；按照压缩机的工作原理可以分为速度型和容积型，速度型靠高速旋转的叶轮对制冷剂气体做功，有离心式和轴流式，容积型靠改变工作腔容积对制冷剂气体做功，有往复活塞式与回转式，回转式又分为转子式、涡旋式与螺杆式。另一类是消耗热能实现制冷的冷源，如吸收式制冷机，在空调工程中吸收式制冷机常用溴化锂溶液做工质对，因此也称为溴化锂吸收式制冷机，按载能介质的不同可分5种，分别是蒸汽型溴化锂吸收式制冷机，它利用一定压力的蒸汽驱动；热水型溴化锂吸收式制冷机，它利用一定温度的热水驱动；直燃型溴化锂吸收式冷热水机组，它直接利用燃油或者燃气的燃烧获得的热量驱动；烟气型溴化锂吸收式冷热水机组，它利用工业中300～500℃的废气、烟气驱动；烟气热水型溴化锂吸收式冷热水机组，它同时利用烟气和热水驱动。

常用空调人工冷源特点比较 表 6-9

冷源设备	电动压缩式冷水机组	溴化锂吸收式冷水机组
制冷机工作形式	涡旋式、往复式、螺杆式、离心式	热水型、蒸汽型、直燃型
特点	体积小、重量轻	环保、耗电量小、可以利用余热

（2）常用建筑热源

在建筑中大量应用的热源都需要用其他能源直接转换或采取制冷的方法获取热能的人工热源，按获取热能的原理不同可分为以下几类：最常用的是通过燃料燃烧将化学能转换成热能的热源，常用燃料有煤、油、气，对应有燃煤锅炉、燃油锅炉、燃气锅炉，此外还有燃煤热风炉，燃油、燃气暖风机，燃气热水器等热源设备；第二类是利用低位能量的热泵，制冷机在制冷的同时伴随着热量的排出，因此也可用作热源，当制冷机组用作热源时则称为热泵机组，它是从低位热源中提取热量并提高温度后进行供热的装置，常用的有空气源热泵、地源热泵、地下水源热泵等。第三类是电能直接转化为热能的热源，用于供暖的有电热水锅炉、电蒸汽锅炉等。值得注意的是，电能是高品位能量，一般不宜直接转换为热能来使用；第四种是采用太阳能、地热能、生物质能等可再生能源，与不同的设备相结合作为建筑的热源。还可以采用一些余热资源作为热源，余热是指生产过程中被废弃掉的热能，常见形式有烟气、热废气或排气、废热水、废蒸汽、被加热的金属、焦炭等固体余热和被加热的流体等。只有无有害物质的、温度适宜的热水才能直接作热源应用，大部分的余热需要采用余热锅炉等换热设备进行热回收才能作为热源利用。

（3）港口和公路客运站建筑冷热源形式现状

在所调研的公路客运站建筑中，64％采用冷水机组作为冷源，其中水冷机组与风冷机组的比例大约是5∶2，其他公路客运站建筑多采用分体空调，个别公路客运站建筑仍使用电风扇。在所调研的港口客运站建筑中，冷水机组仍是主要的冷源形式，也有许多港口客运站采用分体空调供冷。有25％采用了热泵机组作为冷热源，夏季供热、冬季供暖，采用的热泵形式主要有地源热泵与深水源热泵，其中部分港口客运站建筑另配有燃气锅炉，用于冬季供暖的调峰。有38％的港口客运站建筑在冬季采用市政管网的热水供暖，部分港口客运站建筑冬季无供暖，个别港口客运站建筑冬季采用分体空调供暖。

6.2.2 港口和公路客运站建筑冷热源能效

（1）热源系统季节能效比的约束值和引导值应符合表6-10的规定。

热源系统季节能效比的约束值和引导值　　表 6-10

热源类型	能效比单位	约束值	引导值
天然气锅炉	Nm³/GJ	32	29
燃煤锅炉	kgce/GJ	43	38

（2）冷源系统季节能效比的约束值和引导值应符合表6-11的规定。

冷源系统季节能效比的约束值和引导值　　表 6-11

能效比单位	约束值	引导值
$kWh_{冷}/kWh_{电}$	3.5	4

（3）热水系统输送能效比的约束值和引导值应符合表6-12的规定。

热水系统输送能效比的约束值和引导值　　表 6-12

能效比单位	约束值	引导值
$kWh_{热}/kWh_{电}$	45	65

（4）冷水系统输送能效比的约束值和引导值应符合表6-13的规定。

热水系统输送能效比的约束值和引导值　　表 6-13

能效比单位	约束值	引导值
$kWh_{热}/kWh_{电}$	30	45

（5）空调末端系统季节能效比的约束值和引导值应符合表6-14的规定。

空调末端系统季节能效比的约束值和引导值　　表 6-14

能效比单位	约束值	引导值
kWh热/kWh电	8	10

（6）港口和公路客运站建筑如采用分体空调，空调季节能效比的约束值和引导值应符合表 6-15 的规定。

港口及公路客运站建筑分体空调季节能效比的约束值和引导值　　表 6-15

空调额定制冷量 CC（W）	分体空调季节能效比	
	约束值	引导值
CC≤4500	5.0	5.8
4500≤CC≤7100	4.4	5.5
7100≤CC≤14000	4.0	5.2

6.3　热泵技术的应用

6.3.1　空气源热泵

（1）空气源热泵的分类

按蒸发器和冷凝器的介质不同，空气源热泵可以分为两类：

1）空气-空气热泵机组：以室外空气为热源，夏季制取室内需要的冷风，冬季制取室内需要的热风。

2）空气-水热泵机组：以室外空气为热源，制取建筑内空调系统所需的冷水或热水。这种机组的例子就是空气源热泵冷（热）水机组。

（2）空气参数变化对空气源热泵的影响

1）随着空气温度的降低，蒸发温度下降，热泵温差增大，热泵的效率降低。单级蒸汽压缩式热泵虽然在空气温度低到−20～−15℃时仍可运行，但此时制热系数将有很大的降低，其供热量可能仅为正常运行时的 50% 以下。

2）随着环境空气温度的变化，热泵的供热量往往与建筑物的供热需求相矛盾，即大多数时间内存在供需不平衡现象。图 6-1 表示了采用空气源热泵供暖的系统特性，图中 $Q_h - t_n$ 表示热泵装置的供热能力曲线（不同容量热泵曲线不同），$Q_o - t_n$ 表示建筑物的耗热量特性线（对已定的建筑物只存在一条线），两线呈相反的变化趋势。故产生一交点 O 称为热泵装置的平衡点，相对应的横轴温度称平衡点温度。当环境

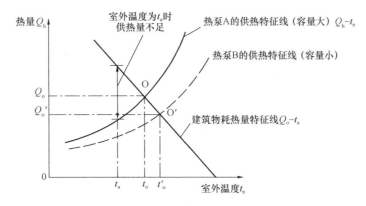

图 6-1　空气参数变化对空气源热泵的影响

处于该温度时，建筑物的耗热量（需求）与热泵能力（供给）相平衡，当 t_n 高于 t_o 时，热泵供热有余；当 t_n 低于 t_o 时，热泵供热不足。若能将多余的热量储存起来，在室外低温时予以填补，则是很合理的措施。

3）空气是有一定湿度的，当空气流经蒸发器被冷却时，在蒸发器表面会结露甚至结霜（低温时）。蒸发器表面微量结露时，可增强传热 $50\%\sim60\%$，但阻力有所增加。当蒸发器表面结霜时，不仅流动阻力增大，而且随着霜层的增加传热热阻也提高。

4）含有腐蚀性成分的空气蒸发器表面结露时，会损害蒸发器。所以在滨海地区使用的蒸发器，传热肋片的材料以铜片为好，或者肋片上涂有专门的防腐层。

（3）空气源热泵空调系统设计

1）空气源热泵的制冷性能系数比水冷式冷水机组低，产生同样的冷量需要更多的电耗。对空调面积较大、同时使用系数较高的建筑来说，全年能耗会增加许多，空调系统的电气安装容量也会比较大。因此，在港口和公路客运站建筑中，应对风冷机组有所限制。

2）变制冷剂流量多联机的制冷性能系数随负荷率变化有很大不同。另外，多联机的冷媒配管不宜过长。因为吸气管阻力增加使吸气压力降低，过热增加，导致系统能效比下降。

3）空调系统主机容量的确定：在以空气源热泵型冷热水机组为冷源的空调系统设计中，热泵机组容量既要考虑到建筑各部分的同时使用系数，还应考虑到热泵的实际制冷量、实际供热量会因设备间距限制等原因造成通风不畅、部分气流短路（这部分的出力损失约占 5%）而受到影响，以及室外换热器因表面积灰、设备能力衰减等因索的影响，故所选择的热泵机组尚应考虑安全系数，建议用以下公式计算：

$$Q = \beta_1 \cdot \beta_2 \cdot Q_D \tag{6-4}$$

式中 Q ——热泵机组在设计工况下的制冷（供热）量，kW；

Q_D ——设计计算负荷，kW；

β_1 ——同时使用系数，由具体工程定，一般为 0.75～1.0；

β_2 ——安全系数，一般取 1.05～1.15。

4）机组类型与台数的确定：根据压缩机的不同，热泵型冷热水机组可分为涡旋式热泵机组、往复式热泵机组和螺杆式机组。按机组结构大小、组合规模不同，可分为整体式热泵机组和模块式热泵机组，二者没有本质的区别。所谓模块式热泵机组就是指一台热泵机组由若干台热泵单元（有独立的制冷回路、独立的蒸发器、冷凝器、独立的框架，甚至有独立的控制板）并联而成，各单元的额定制冷量为 55kW 左右。各单元增减组合灵活方便，任意一单元的故障不影响其相邻单元的工作。国内热泵机组生产企业以生产模块式热泵机组为多，其主要优点是噪声低、振动小，由于系统总的制冷回路多，冬季化霜对系统水温影响小，系统互备性也好。另外，模块式热泵机组每个单元尺寸小、重量轻，运输和吊装比较方便，也比较安全，但机组效率往往比大型机组要低。

5）热泵的安装位置：热泵的安装位置主要有下列四种：一是置于裙楼顶，二是置于塔楼顶，三是置于窗台，四是置于净空较高的室内。

考虑到吊装及日后更换的方便，热泵常常被安置于裙楼顶。当热泵安置于裙楼顶时，要评估其对主楼及周围环境的影响。较大的热泵机组（≥200RT），单机噪声为 75～85dB(A)，必要时可加隔声屏障，或在主楼靠热泵侧避免开门、采用隔声效果较好的双层窗或高质量中空玻璃取代普通单层玻璃窗。

布置于窗台的热泵往往是每层要求独立配置、单独计量的场所，只限于较小容量的热泵，宜采用侧进风上排风的形式。选用上排风热泵时应安装导流风管，改成侧排风。

即使房间有较高净空，热泵置于室内也是不可取的。受条件限制必须设于室内时，室内应有穿堂风可利用，要有足够的进风面积，排风应通过风道有组织地排至室外，防止气流短路。

6）水泵的选择与布置：水泵的数量宜与热泵的台数相对应。热泵与水泵的连接方式宜采用一对一串联的方式，热泵与水泵联动。热泵数量较多时，水泵可贴近热泵布置，水泵应具有防水性能，并加上挡雨吸声罩。热泵数量较少时，水泵宜集中布置于室内。备用水泵可采用先不安装临时替换的方法。如果水泵采用先水泵组并联再与并联的热泵组串联的方式，则并联的热泵数量不宜超过 6 台，并应有可靠的水力平衡措施。这种连接方式应将水泵布置于临近热泵的室内，也可以布置于地下室。水泵的台数应考虑 1～2 台的备用泵。在选择水泵规格时，尽可能选低转速泵，以减低噪声。

6.3.2 水源热泵

（1）水源热泵的分类

1）水环热泵系统

水环热泵系统用一个水环路将各分散的小型水源热泵机组连接起来，作为加热源和排热源，环路中循环水必须控制一定的温度。当环路中的水由于水源热泵空调机的放热（制冷运行）而使水温超过一定值时，循环水将通过冷却塔或其他散热装置将多余的热量散发出去。当环路中的水由于水源热泵的吸热（制热运行）而使其温度低于一定值时，可以通过加热装置对循环水进行加热。

在大型建筑中，装有许多台分散的水源热泵机组，水环热泵系统很自然地能够从需要供冷的区域吸收热量，供给需要供热的区域，从而减少能源消耗。地表浅层水的利用和水环热泵相结合，可以免去水环热泵的冷却塔和辅助热源，这将进一步降低大型建筑的能耗。

2）地表水热泵系统

闭式地表水热泵系统利用江、河、湖、海的天然水作为冷（热）源，用潜放入水中的水—水热交换器（换热塑料管），把冷（热）量带到建筑物中去。开式地表水热泵系统将地表水抽出直接送往建筑物中的热泵机组，经热交换之后再将水送回地表水源中去。但这种方式容易导致管路堵塞和设备腐蚀，也会破坏水资源。一般不提倡使用开式地表水热泵系统。

3）地下水热泵系统

闭式地下水热泵系统不直接抽取地下水，而是将换热水管埋入地下，利用这些管道中的循环水通过管壁与地下土壤进行热交换，这些循环水被送往建筑物中的热泵机组进行换热，然后又回灌入地下。因此，不会破坏地下水资源，水泵的输送动力相对较小，水质也容易保证。

（2）水源热泵的特点

由于水源热泵利用天然水作为空调机组的冷、热源，所以具有以下优点：

1）利用清洁的可再生能源，减少常规能源的消耗和CO_2排放，对环境影响很小，与空气源热泵机组相比，水源热泵机组的电力消耗约减少20%以上。水源热泵采用的制冷剂，可以是R22或R134a、R407C和R410A等替代工质。机组运行排放的污染物少，且不用远距离输送热能。

2）高效节能。水源热泵机组可利用的水体温度冬季为12～22℃，比环境空气温度高，所以热泵循环的蒸发温度提高，能效比也提高。而夏季水体温度为18～35℃，比环境温度低，所以制冷的冷凝温度降低，使得其冷却效果好于风冷式和冷却塔式，机组效率也提高。

3）运行稳定可靠。水体的温度一年四季相对稳定，使得热泵机组运行更可靠，也保证了系统的高效性和经济性。它也不存在空气源热泵的冬季除霜等难点问题。

4）水源热泵系统可供暖、供冷，还可供生活热水，一机多用，特别是适合同时有供热和供冷要求的建筑物。

5）水源热泵系统比较简单，不需要锅炉和冷却塔，设备较少，机组运行可靠，维护费用低，使用寿命长（可达到 15 年以上）。

（3）使用水源热泵的主要问题

1）受可利用的水源条件限制。水源热泵理论上可以利用一切水资源，但在实际工程中，不同的水资源利用的成本差异是相当大的，所以在不同的地区是否有合适的水源成为水源热泵应用的一个关键问题。

2）贮水层地质结构的限制。贮水层地质结构应确保在经济条件下打井抽水，同时还应当考虑地质和土壤的条件，保证使用后的地下水能实现回灌。

3）投资的经济性。水源热泵的运行效率较高、费用较低，但与传统的空调制冷取暖方式相比，在不同的地区、不同的条件下，水源热泵的初投资有可能较大。设计时应做不同方案的技术经济比较加以确定。

4）由于地质情况各异，水源热泵的应用，需要暖通空调和水文地质的专业人员共同合作、政府政策的大力支持。另外，还需要产品供应商以及运行管理部门共同参与，才能真正发挥其优势，达到预期的效果。

6.3.3 土壤源热泵

（1）土壤源热泵系统的工作原理

土壤源热泵系统的构成同一般热泵系统基本相同，均由设置在建筑物内的水—空气热泵、室外水回路以及室内水回路构成。图 6-2 是一个用在商业建筑内的土壤源热

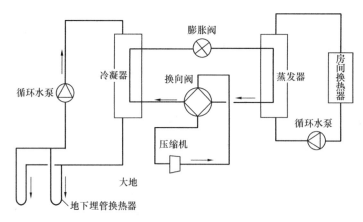

图 6-2　土壤源热泵系统工作原理图（制冷工况）

泵系统。室内设备与水环热泵系统相似。其室外水系统由地下埋管系统取代了冷却塔、锅炉、辅助泵和换热器。夏季，冷凝器采用土壤内贮存的冷量进行冷却；冬季，蒸发器用土壤内贮存的热量加热。

（2）埋管换热器

室外地下换热器有水平埋管和垂直埋管两种。

1）水平埋管

水平埋管有单层和双层两种敷设方法，可采用U形、蛇形、单槽单管、单槽多管等形式。单层埋管是最早也是最常用的，埋管深度一般为0.5~2.5m。若整个冬季土壤均处于饱和状态，壕沟的深度就一定要大于1.5m；否则，埋管就会受地面冷却和结冻的影响。另外，埋管间距小于1.5m，管间也可能会产生固体冰晶并使开春后蓄热减少。双层盘管系统一层约在1.2m深处，另一层约在1.9m深处。双层铺设大幅度降低了挖掘工作量和填土所需砂石量。

2）垂直埋管

垂直埋管有浅埋和深埋两种。浅埋深度为8~10m，采用同轴柔性套管。深埋的钻孔深度由现场钻孔条件及经济条件决定，一般为33~180m。溶液在垂直的U形管中循环，均采用平行埋设。垂直埋管换热器有以下优点：

① 铺设占地面积较小，对于建筑面积较大的公共建筑比较适用；

② 地面以下较深处，土壤往往处于湿度饱和状态，对热交换有利；

③ 垂直埋管热泵的传热性能比较稳定，部分负荷的运行效率较高。

（3）冷热源选用原则

供暖空调冷热源应根据建筑规模、用途、建设地点的能源条件、结构、价格以及国家节能减排和环保政策的相关规定，通过综合论证确定，并应符合下列规定：

1）有可供利用的废热或工业余热的区域，热源宜采用废热或工业余热。当废热或工业余热的温度较高、经技术经济论证合理时，冷源宜采用吸收式冷水机组。

2）在技术经济合理的情况下，冷、热源宜利用浅层地能、太阳能、风能等可再生能源。当采用可再生能源受到气候等原因的限制无法保证时，应设置辅助冷、热源。

3）不具备1）、2）条件的地区，但有城市或区域热网的地区，集中式空调系统的供热热源宜优先采用城市或区域热网。

4）不具备1）、2）条件的地区，但城市电网夏季供电充足的地区，空调系统的冷源宜采用电动压缩式机组。

5）不具备1）~4）条件的地区，但城市燃气供应充足的地区，宜采用燃气锅炉、燃气热水机供热或燃气吸收式冷（温）水机组供冷、供热。

6）不具备1）~5）条件的地区，可采用燃煤锅炉、燃油锅炉供热，蒸汽吸收式冷水机组或燃油吸收式冷（温）水机组供冷、供热。

7）夏季室外空气设计露点温度较低的地区，宜采用间接蒸发冷却冷水机组作为空调系统的冷源。

8）天然气供应充足的地区，当建筑的电力负荷、热负荷和冷负荷能较好匹配、能充分发挥冷、热、电联产系统的能源综合利用效率且经济技术比较合理时，宜采用分布式燃气冷热电三联供系统。

9）全年进行空气调节，且各房间或区域负荷特性相差较大，需要长时间地向建筑同时供热和供冷，经技术经济比较合理时，宜采用水环热泵空调系统供冷、供热。

10）在执行分时电价、峰谷电价差较大的地区，经技术经济比较，采用低谷电能够明显起到对电网"削峰填谷"和节省运行费用时，宜采用蓄能系统供冷、供热。

11）夏热冬冷地区以及干旱缺水地区的中、小型建筑宜采用空气源热泵或土壤源热泵系统供冷、供热。

12）有天然地表水等资源可供利用，或者有可利用的浅层地下水且能保证100％回灌时，可采用地表水或地下水热泵系统供冷、供热。

13）具有多种能源的地区，可采用复合式能源供冷、供热。

另外除符合下列条件之一外，不得采用电直接加热设备作为热源：

1）电力供应充足，且电力需求侧管理鼓励用电时；

2）无城市或区域集中供热，采用燃气、煤、油等燃料受到环保或消防限制，且无法利用热泵提供供暖热源的建筑；

3）以供冷为主、供暖负荷非常小，且无法利用热泵或其他方式提供供暖热源的建筑；

4）以供冷为主、供暖负荷小，无法利用热泵或其他方式提供供暖热源，但可以利用低谷电进行蓄热，且电锅炉不在用电高峰和平段时间启用的空调系统；

5）利用可再生能源发电，且其发电量能满足自身电加热用电量需求的建筑。

6.4 输 配 系 统

6.4.1 输配系统的设计现状

目前暖通空调输配系统最突出的特点就是输配能耗占比高。在大型公共建筑供暖空调能耗中，大量能耗被输送和分配冷量热量的风机、水泵消耗。这是导致此类建筑能源消耗过高的主要原因。对大规模集中供热系统，负责输配热量的各级水泵的能源消耗也在供热系统运行成本中占很大比例。分析表明，这部分能量消耗可以降低50%～70%，因此降低输配系统能源消耗应是建筑节能中尤其是大型公共建筑节能中潜力最大的部分。

输配系统是指将流体输送、分配到相关设备和空间，或者从各接收点将流体收集起来输送到指定区域的系统，它由管道、输配动力装置以及阀门附件等组成。常见的通风空调输配系统节能通过变流量来实现。通风空调输配系统包括各种用于输送冷量和热量的风机、水泵，即空调冷水泵、供暖泵、空调箱风机、新风机组风机等。由于通风空调输配系统设备全年运行，尽管这些设备在装机容量上比制冷机小，但是在全年总电耗中，其所占比重往往要超过制冷机，占到通风空调系统总耗电量的30%～60%。降低输配系统能耗的方法包括：风量、水量满足要求；风机水泵扬程合理；风机水泵在高效点运转。

目前输配系统普遍存在的问题主要有两点：一是实际运行效率低，由于设计和设备选择的粗糙，我国建筑内的风机、水泵绝大多数的运行效率仅为30%～50%，而实际这些风机水泵的最高效率大多可达75%～85%。二是调节手段与运行模式落后，系统主要依赖阀门来实现冷热量的分配和调节，造成50%以上的输配动力被阀门所消耗，系统普遍处于"大流量、小温差"的运行状态，尤其是在占全年大部分时间的部分负荷工况下，未能相应地减小运行流量以降低输配能耗，如何通过调节改变风机、水泵工作状况，使其与已有管网相匹配，从而在高效工作点工作，是对风机、水泵和管网技术的挑战。

6.4.2 输配系统能效要求

输配系统的能效主要用耗电输热（冷）比来衡量，集中供暖系统耗电输热比应按下式计算：

$$EHR-h = 0.003096\Sigma(G \times H/\eta_b)/Q \leqslant A(B+\alpha\Sigma L)/\Delta T \qquad (6-5)$$

式中　$EHR-h$ ——集中供暖系统耗电输热比；

　　　　G ——每台运行水泵的设计流量，m^3/h；

　　　　H ——每台运行水泵对应的设计扬程，mH_2O；

　　　　η_b ——每台运行水泵对应的设计工作点效率；

　　　　Q ——设计热负荷，kW；

　　　　ΔT ——设计供回水温差，℃；

　　　　A ——与水泵流量有关的计算系数，按《公共建筑节能设计标准》GB 50189—2015 表 4.3.9-2 选取；

B——与机房及用户的水阻力有关的计算系数，一级泵系统时，$B=$ 17，二级泵系统时，$B=21$；

$\sum L$——热力站至供暖末端（散热器或辐射供暖分集水器）供回水管道 的总长度，m；

α——与$\sum L$有关的计算系数；当$\sum L \leqslant 400m$时，$\alpha=0.0115$；当 $400m<\sum L<1000m$时，$\alpha=0.003833+3.067/\sum L$；当$\sum L \geqslant$ 1000m时，$\alpha=0.0069$。

空调冷（热）水系统耗电输冷（热）比应按下式计算：

$$EC(H)R-a=0.003096\sum(G \times H/\eta_b)/Q \leqslant A(B+\alpha\sum L)/\Delta T \qquad (6\text{-}6)$$

式中 $EC(H)R-a$——空调冷（热）水系统循环水泵的耗电输冷（热）比；

$\quad G$——每台运行水泵的设计流量，m^3/h；

$\quad H$——每台运行水泵对应的设计扬程，mH_2O；

$\quad \eta_b$——每台运行水泵对应的设计工作点效率；

$\quad Q$——设计冷（热）负荷，kW；

$\quad Q$——设计冷（热）负荷，kW；

$\quad \Delta T$——规定的计算供回水温差，℃，按《公共建筑节能设计标准》 GB 50189—2015 表 4.3.9-1 选取；

$\quad A$——与水泵流量有关的计算系数，按《公共建筑节能设计标准》 GB 50189—2015 表 4.3.9-2 选取；

$\quad B$——与机房及用户的水阻力有关的计算系数，按《公共建筑节能 设计标准》GB 50189—2015 表 4.3.9-3 选取；

$\quad \alpha$——与$\sum L$有关的计算系数，按《公共建筑节能设计标准》 GB 50189—2015 表 4.3.9-4 或表 4.3.9-5 选取；

$\quad \sum L$——从冷热机房出口至该系统最远用户供回水管道的总输送长 度，m。

6.4.3 节能设计

（1）空调水输配系统的节能设计

1）空调水系统节能设计的必要性

空调水系统用于输送冷、热能，水系统中的水泵是空调系统中运行时间最长的设 备，其耗电量占空调系统耗电比例很大，合理的水系统设计能够达到节约电力以及满 足空调区域使用要求的目的。

2) 空调水系统节能设计要点

空调水系统的节能设计在于对水系统形式的合理确定、水系统的合理划分以及采取相关的节能措施。

① 空调水系统形式的合理确定

空调水系统形式与建筑规模、建筑分布等有关。港口和公路客运站建筑为舒适性空调系统，采用闭式循环水系统即可满足使用要求，且输送能耗较少。对于过渡季节，只要求进行工况转换的空调系统，采用两管制水系统即可满足使用要求。存在负荷特性不同的外区和内区的建筑，可采用分区两管制系统，以实现同时供冷和供暖的需求。系统较小以及各环路负荷特性或压力损失相差不大时，一次泵变流量系统可在满足使用要求的同时节省更多能量。对于较大的系统，其阻力较高且各环路负荷特性相差较大或压力损失相差悬殊时，应采用二级泵变频控制系统。

② 空调水系统的合理划分

港口和公路客运站建筑内有办公区、候车厅等使用功能不同的空调区域，其使用时间也有差异，如办公区空调一般为 8:30～18:00 运行，部分港口和公路客运站候车厅等区域存在全天候运行情况。按照使用时间分别供水，则能节约相应的输送动力，以及减少这部分管道的冷热量损失。此外，若建筑物存在内外（或南北）区，则可按内、外区（或南、北朝向）划分空调水区域，在满足用户需求的同时节约能源。

③ 空调水系统的相关节能措施

空调水系统的节能措施与冷热源及附属设备的配置和性能密切相关。水系统的配置以及系统形式多种多样，需要在此基础上灵活运用各种节能技术。

a. 循环水泵的选择

根据《民用建筑供暖通风与空气调节设计规范》GB 50736—2012 第 8.5.13 条，一级泵的数量应与冷水机组一对一配置，一般不设备用泵；但对于严寒地区和寒冷地区，对供暖可靠性要求较高，宜设一台备用；对于变流量运行的各个分区的各级水泵不宜少于 2 台。

根据计算得到的流量和扬程选择水泵，选择的水泵应工作在其高效工作区，一般其工作点的效率不低于 70% 且不低于其最高工作效率的 90%。

b. 水泵的变频控制

一般在二级泵系统的二次泵和一级变频泵系统中采用变频水泵。对于二级泵的二次变频泵控制，大多采用压差控制方法。

c. 冷热水泵的合用

对于同一建筑，当其冷热负荷相差较大时，在两管制系统中，冷热水流量就会相差很大，系统所需压头也会相差较大。当冷热水流量相差 50% 或更大时，应分设冷热水泵，避免水泵流量和扬程严重过剩。当采用变频泵时，需要考核水泵和变频器变频后的综合效率。

d. 冷却水系统的节能设计

空调系统使用水冷式冷凝器时，必须配备冷却塔或自然水源，因而冷却水系统的节能设计对空调水系统的节能至关重要。根据《民用建筑供暖通风与空气调节设计规范》GB 50736—2012 第 8.6.3 条和 8.6.6 条，应对冷却水温和冷却塔进行合理设置和调控。

3）空调水系统的节能设计方法

① 大温差小流量系统

利用大温差小流量可以减少水泵尺寸、阀门大小、管道直径以及保温材料用量，从而减少实际运行过程中的运行费用。

② 一次泵变流量系统

负荷变化时，可保持冷水机组的供回水温度一定，使冷水机组的蒸发器侧流量随用户侧流量的变化而变化，从而可以节约蒸发器侧变频水泵的能耗。对于一级泵变流量系统，在节省水泵能耗的同时还可以减少初投资和机房面积。

③ 冬季免费供冷

对于常年存在冷负荷的建筑，冬季室外气温较低及冷却水温度也较低时，可向室内提供冷却水，以实现"免费供冷"。

（2）供热管网节能

1）供热管网的水力平衡

保证热网的水力平衡可以提高整个系统运行的节能性。为保证供暖管网的水力平衡度，首先就是在设计环节应仔细地进行水力平衡计算。供暖管网在实际运行时，由于管材设备和施工等方面的差别，各管段及末端装置的水流量并不可能完全按照设计要求输配，因此需要在供暖系统中采取一定的措施。为保证实际运行时流量符合设计要求，在室外热网各环路及建筑物入口处的供暖供水管或回水管上应安装平衡阀或其他水力平衡元件，并进行水力平衡调试。目前采用较多的是平衡阀及平衡阀调试时使用的专用智能仪表。实际上，平衡阀是一种定量化的可调节流通能力的孔板；专用智能仪表不仅用于显示流量，更重要的是配合调试方法，原则上只需要对每一环路上的平衡阀做一次性的调整，即可使全系统达到水力平衡。这种技术尤其适用于逐年扩建热网的系统平衡。因为只要在每年管网运行前对全部或部分平衡阀重做一次调整，即可使管网系统重新实现水力平衡。

2）热网的保温

供暖管网在热量从热源输送到各热用户系统的过程中，由于管道内热媒的温度高于环境温度，热量将不断地散失到周围环境中，从而形成供暖管网的散热损失。管道保温的主要目的是减少热媒在输送过程中的热损失，节约燃料，保证温度。热网运行经验表明，即使有良好的保温，热水管网的热损失仍占总输热量的 5%～8%，蒸汽管网占 8%～12%，而相应的保温结构费用占整个热网管道费用的 25%～40%。供暖管网的保温是减少供暖管网散热损失，提高供暖管网输送热效率的重要措施。然而增加保温厚度会带来初投资的增加。因此，如何确定保温厚度以达到最佳的效果，也是供暖管网节能的重要内容，具体保温厚度的选择，可根据现行国家标准《设备及管道绝热设计导则》GB/T 8175 来确定。

（3）分布式输配系统

我国供冷供热的输配方式在过去几十年内采用的都是集中式输配系统。集中式供冷供热输配系统在系统设计、运行和调试等方面的问题越来越突出，主要体现在：集中式输配系统主循环泵设置在冷热源处，其扬程是按最不利环路的压力损失确定的，在运行中会出现管网近端用户资用压力过大、流量过多，远端用户资用压力过小、流量过少的情况，从而使管网系统水力失调，并产生热力失调，导致用户冷热不均。对此，通常采用调节阀节流来消除近端用户的资用压力，导致产生无功电耗，使供冷、供热管网输送效率降低。当系统管路较长、用户支路的阻力相差较悬殊、负荷变化较大、使用时间及供回水温度不同时，不仅造成输送能耗增大，而且用户的舒适性无法得到满足，直接影响供冷供热的效果。随着输配技术的发展，许多集中空调系统和集中供热系统采用了二级泵、三级泵等输配系统形式，虽然也是采用调节阀节流的方式，但也取得了一定的节能效果。通过节流的方法平衡系统阻力，暖通空调行业内的专家们过去曾花费很大精力进行了研究，功不可没，今后必要的节流调节会依然存在。

分布式输配系统以泵代阀，整个输配系统没有任何调节阀门，理论上不存在无功电耗，在实际工程中无功电耗极小。系统的冷热源泵、沿程泵、用户泵均变频运行，从调节流量、消除系统冷热不均来说是有效调节。可根据不同用户的使用要求，在冷热用户侧设置与冷热源循环泵串接的直连式系统或混连式系统，每个用户按需要从管网提取冷热量。管网系统采用合理的大温差、小流量运行，用户侧供回水温度可与管网供回水温度相同或不同，实现了同一温度管网不同供回水温度用户的运行方式，从而降低输配能耗，节电节能，获得更高的输送效率，提高了系统的水力稳定性，实现了管网的变流量调节，满足了不同用户的输送温度及舒适性要求，达到了节能、高效、智慧的目的。

我国供冷供热输配系统的特点是所服务城市建筑物密度高、冷热负荷密度集中、供冷供热输配系统作用半径相对较小、北方地区热负荷年负载率和运行时间长、南方地区冷负荷年负载率和运行时间长，且目前供冷供热室内系统形式呈现多样化趋势。针对用户多工况需求，一个输配系统很难满足，不是采用换热器换热就是采用多个输配系统来解决，造成能量浪费，而分布式输配系统可以采用不同用户工况同管网运行，这正是分布式供冷供热输配系统的应用特点。

分布式供冷供热输配系统从根本上消除了输配系统多余的功耗，系统达到水力平衡，避免了过冷过热的现象，提高了输配效率，推广分布式供冷供热输配系统是暖通空调系统节能减排的重要举措。

6.5 末 端 系 统

6.5.1 末端系统设计

在国家科技支撑计划课题"高铁、港口及公路客运站节能关键技术与示范"研究过程中调研的港口和客运站中，部分使用分体空调，对于设有中央空调的港口和公路客运站建筑，风机盘管是其主要的末端形式，送风口多采用散流器，部分采用旋流风口，下面介绍几种港口和公路客运站建筑常用的末端形式。

（1）风机盘管加新风

风机盘管加新风系统是常用的空调系统末端形式，风机盘管机组是用于外供冷热水由风机和盘管组成的机组，对房间直接送风，其有供冷、供热和对房间分别供冷和供热功能，其送风量为 250～2500m³/h，出风口静压小于 100Pa。其新风供给方式有多种，有靠渗入室外空气以补给新风、墙洞引入新风和由独立的新风系统供给室内新风。对于部分公路客运站建筑来说，其规模较小，不是高大空间，普遍采用了这种形式。

（2）喷口送风

对于相当一部分港口和公路客运站建筑来说，其规模较大，等候大厅是高大空间，这时使用普通的散流器或百叶风口送风效果较差，喷口送风是这些建筑主要采用的送风形式。喷口送风是依靠喷口吹出的高速射流实现送风的形式，主要适用于高大厂房或层高很高的公共建筑空间的空气调节场所。喷口送风既可采用喷口侧向送风，也可以采用喷口垂直向下（顶部）送风，但以前者应用较多。当采用喷口侧向送风时，将喷口和回风口布置在同侧，空气以较高的速度、较大的风量集中由设置在空间上部的若干个喷口射出，射流行至一定路程后折回，使整个空调区处于回流区，然后由设在下部的回风口抽走返回空调机组。它的特点是：送风速度高、射程远，射流带动室内空气进行强烈混合，速度逐渐衰减，并在室内形成大的回旋气流，从而使空调区获得较均匀的温度场和速度场。所以对于规模和空间较大的港口和公路客运站建筑，宜采用喷口送风。

（3）辐射末端

辐射末端是一种主要利用热辐射来传递热量的供暖和供冷方式。人体与周围冷或热表面之间的辐射换热是影响人体热感觉的重要因素之一，在夏季使用辐射板供冷降低了壁面平均辐射温度，可以使人有满意的热感觉并可能取得一定的节能效果。辐射板换热装置仅能承担显热负荷，而主要由送入的新风承担夏季室内湿负荷，故辐射供冷一般采用温度较高的冷水（16～18℃），以防止板表面结露。冬季供暖时，辐射板的供水一般采用较低的热水温度（30～35℃），可有利于冷热源的选择。

6.5.2 末端系统能效要求

单位风量耗功率：

$$W_s = P/(3600 \times \eta_{CD} \times \eta_F) \tag{6-7}$$

式中 W_s——风道系统单位风量耗功率，$W/(m^3 \cdot h)$；

$\quad\quad P$——空调机组的余压或通风系统风机的风压，Pa；

$\quad\quad \eta_{CD}$——电机及传动效率，%，按设计图中标注的效率选择，一般可取 85.5%；

$\quad\quad \eta_F$——风机效率，%，按设计图中标注的效率选择。

对于风道系统的单位风量耗功率大小，机械通风系统不应大于 $0.27W/(m^3 \cdot h)$，新风系统不应大于 $0.24W/(m^3 \cdot h)$，一般建筑的全空气系统不应大于 $0.30W/(m^3 \cdot h)$。

6.5.3 末端系统节能设计

（1）空调风系统的节能设计

1）空调风系统节能设计的必要性

空调风系统的设计中，合理的节能措施有助于收到显著的节能效果。如在风系统中加入热回收装置回收排风的热（冷）量，以及空调区域中温度监控的设置。

2）空调风系统节能设计要点

节能措施需合理才能达到相应的节能效果。

① 对于港口和公路客运站建筑，一般为舒适性空调系统，在满足室内气流组织分布要求以及不产生结露的条件下，宜采用较大的送风温差。

② 全空气空调系统应充分利用室外新风，在提高室内空气品质的同时也可减少冷水机组的运行时间。

③ 精确的负荷计算是提高系统可靠性和减少系统运行能耗的重要保证。

④ 在进行风系统设计时，可采用变频装置，其节能效果较风阀调节好。

⑤ 对于港口和公路客运站建筑，其人员流动频繁、客流量变化较大，可采用

CO_2 浓度传感器实现对进入空调区域的新风量进行实时监控。

⑥ 在港口和公路客运站建筑的内区，当空调区域内冬季有余热时，可利用室外空气对其进行降温处理，并调节新、回风量的比例，从而有助于节能。

3）空调风系统节能设计方法

① 充分利用室外新风

对于全空气空调系统，在过渡季或冬季，根据室内外空气焓值来控制新风比，从而实现对室外新风的充分利用，以达到节能的目的。

② 排风热回收

根据《民用建筑供暖通风与空气调节设计规范》GB 50736—2012 第 7.3.25 条和第 7.3.26 条，设有集中排风的空气调节系统宜设置空气热回收装置，用于预热和预冷新风，以达到节能目的；空气热回收装置应根据处理风量、新风中显热和潜热能耗的构成和排风污染物种类等因素进行选择。根据现行国家标准《热回收新风机组》GB/T 21087 的相关规定，合理选择空气热回收装置。在严寒地区、夏季室外空气焓值低于室内空气设计焓值而室外空气温度又高于室内空气设计温度的温和地区，宜选用显热回收装置；在其他地区，尤其是夏热冬冷地区，宜选用全热回收装置。

③ 低温送风系统

低温送风系统增大了送回风温差，从而减少了空调循环风量，继而降低了系统的输配能耗，其设计要点有：低温送风系统的出风温度宜采用 4～10℃；室内送风温度的确定与送风机、送风管道以及送风末端装置的温升有关，且应保证室内送风口不结露；室内干球温度设计值可比常规空调高 1℃；冷却器的迎风面风速不宜过大，一般为 1.5～2.3m/s；系统的末端送风装置能够实现送风与空气的良好混合；送风管的密封等级应达到中压风管的严密等级，同时应根据相应计算确定其保冷厚度。

④ 气流组织方面

空调系统的气流组织直接决定了空调区域的温度场和速度场，而送回风口形式、位置以及送风温度和室内温度等对气流组织有显著影响，合理的气流组织对实现系统节能效果明显。

根据《民用建筑供暖通风与空气调节设计规范》GB 50736—2012 第 7.4.2 条，对于空间较大的港口和公路客运站建筑，宜采用喷口送风、旋流风口送风或下部送风，演播室等室内余热量大的高大空间，宜采用可伸缩的圆筒形风口向下送风方式；变风量全空气空调系统的送风末端装置，应保证在风量改变时室内气流分布不受影响，并满足空调区的温度、风速的基本要求。此外，当港口和公路客运站建筑为高大空间时，宜采用分层空气调节系统仅对人员活动区进行空调，而对上部空间不进行空调或仅进行通风排热的空调方式，利用喷口侧送风的分层空调在实际工程中应用较多，该方法可实现较为均匀的送风和较好的舒适性。

（2）变风量末端装置

变风量末端装置是变风量空调系统的末端。一般的集中式空调系统是按房间的设计热湿负荷确定送风量，并在全年运行中保持送风量不变，称为定风量系统。实际上，房间热湿负荷不可能经常处于设计最大值。当室内负荷低于最大值时，定风量系统靠调节再热量以提高送风温度（减小送风温差）来维持室温。这种调节方法既浪费热量，又浪费冷量。如果采用改变送风量（送风参数不变）的方法来保持室温不变，则不仅可以节省再热所消耗的热量，而且风量减小还能降低风机的功耗，而具体送风量的改变需要依靠变风量末端装置。

1）变风量末端的分类

变风量末端根据有无末端风机可分为：单风道型和风机动力型。单风道型又可分为：单冷型、冷暖型、再热型。风机动力型又可根据风机与一次风阀的相对位置分为：并联式风机动力型变风量末端、串联式风机动力型变风量末端。它们都是以单风道单冷型为基础，为解决写字楼外区供热而派生出来的末端装置。单风道型和风机动力型都可以配置热水加热盘管或电加热器。

2）变风量末端的调节过程

单风道单冷型变风量空调系统只有供冷一种工况，在供冷工况下，系统存在供冷季和供冷过渡季两个阶段，随着房间或温度控制区显热冷负荷由最大值逐步减小，在变风量末端内风阀的调节下，风量从最大风量逐步减少，直至最小风量。在达到并保持最小风量后，便进入供冷的过渡季。

单风道单冷再热型变风量末端加热器有电加热和热水盘管加热两种方式，由于节能设计标准的要求，国内的工程一般都采用热水加热，热水加热盘管有 2 排或 4 排，一般用于空调系统有供热需求的外区。空调系统空调机组送冷风。控制器根据室内温度传感器启动加热器。供热时，风量恒定不变，通过调节加热器的电动水阀来调节房间的温度。电动水阀可以是两通阀，也可以是比例式调节阀。供冷工况的调节过程与单风道单冷型变风量末端一致。

单风道冷暖型变风量空调系统有供冷、供热两种工况，空调机组根据负荷的变化送出冷风或热风。控制器根据其自带的辅助温度传感器来判断是供冷工况还是供热工况，并进行工况转换。在供冷工况下，其调节如单风道单冷型变风量末端相同。在供热工况下，系统存在供热季和供热过渡季两个阶段，随着房间或温度控制区显热热负荷由最大值逐步减小，在变风量末端内风阀的调节下，风量从最大风量逐步减少，直至最小风量。在达到并保持最小风量后，便进入供热的过渡季。

并联式风机动力型变风量末端有供冷、供热两种情况。在供冷工况下，风机不工作；当温度低于设定值后进入供热工况，风机启动吸取室内顶棚热风；若房间温度降低则启动加热附件。

　　串联式风机动力型变风量末端有供冷、供热两种工况。在供冷工况下，风阀根据温控要求调整开度；风机将一次风和吊顶二次回风混合后送入房间；风机风量恒定但送风温度在变化；当冷负荷下降时，一次风逐渐减少至最低风量，进入过渡季后，当室温进一步降低，系统转为供热工况，串联式风机动力型变风量末端附带的加热盘管开始供热。在供热工况下，一次风以供冷时的最小风量运行，通过调节附带加热盘管的电动阀，改变送风温度，来调节房间或温控区的温度。

7 给 水 与 排 水

7.1 给 水 排 水

7.1.1 设计要求

港口和公路客运站建筑应设室内室外给水与排水系统，主要设计依据为：

(1)《交通客运站建筑设计规范》JGJ/T 60；

(2)《建筑给水排水设计标准》GB 50015；

(3)《室外给水设计标准》GB 50013；

(4)《室外排水设计标准》GB 50014；

(5)《污水综合排放标准》GB 8978。

7.1.2 给水方式及设备

港口和公路客运站建筑室内给水方式指建筑内部给水系统的供水方案，根据建筑物高度、配水点的布置情况及室内所需水压、室外管网水压和配水量等因素，通过综合评判法决定给水系统的布置形式。合理的供水方案应综合工程涉及的各种因素，如技术因素：供水可靠性、水质对城市给水系统的影响、节水节能效果、操作管理、自动化程度等；经济因素：基建投资、年经常费用、现值等；社会和环境因素：对建筑立面和城市景观的影响、对结构和基础的影响、占地对环境的影响、建设难度和建设周期、抗寒防冻性能、分期建设的灵活性、对使用带来的影响。本书对比了几种常见的给水方式（图7-1），在设计时，需根据实际需求和工况确定给水方式。

直接给水方式是指由室外给水管网直接供水，利用室外管网压力供水，为最简单、经济的给水方式，一般单层和层数少的多层建筑采用这种供水方式。该方式的特点是可充分利用室外管网的水压，节约资源，且供水系统简单，投资省，充分利用室外管网的水压，节约能耗，减少水质受污染的可能性。但室外管网一旦停水，室内立即断水，供水可靠性差。

设水箱的给水方式主要在室外给水管网供水压力周期性不足时使用。

设水泵的供水方式宜在室外给水管网的压力经常不足，根据室内建筑用水量情况，采用恒速水泵或一台或多台变速水泵进行供水。

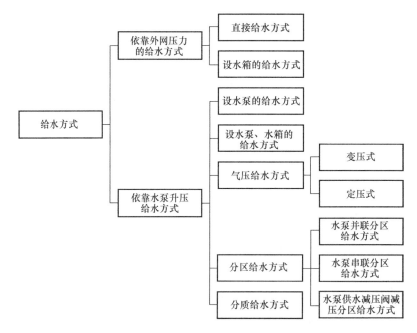

图 7-1　给水基本形式

设水泵和水箱的给水方式宜在室外给水管网压力低于或经常不满足建筑内给水管网所需水压，且室内用水不均匀时使用。该给水方式的优点是水泵能即时向水箱供水，可减少水箱的容积，又因有水箱的调节作用，水泵出水量稳定，能保持在高效区运行。

气压给水方式即在给水系统中设置气压给水设备，利用该设备的气压水罐内气体的可压缩性，升压供水，宜在室外给水管网压力低于或经常不满足建筑内给水管网所需水压，室内用水不均匀，且不宜设置高位水箱时使用。

分区供水即当室外给水管网的压力只能满足建筑物下几层供水要求时，室外给水管网水压线以下楼层由室外管网直接供水，以上楼层由升压贮水设备供水。

在高层中常见的分区给水方式有水泵并联分区给水、水泵串联分区给水、水泵供水减压阀减压分区给水。对于港口和公路客运站建筑来说，一般都为非高层建筑，不采用此供水方式。分质给水是指根据不同的用途（饮用、烹饪、盥洗等）所需的不同水质，分别设置独立的给水系统。

7.1.3　排水系统

建筑内部的排水系统分为污废水排水系统和屋面雨水排水系统两大类，污废水排水系统又分为生活排水系统和工业废水排水系统。

（1）港口和公路客运站入境候检旅客使用的厕所化粪池应单独设置。

（2）一级公路客运站应设置汽车自动冲洗装置，二、三级公路客运站宜设汽车冲洗台。

（3）港口和公路客运站污废水的排放应符合国家现行有关标准的规定，含油废水应进行处理，达到排放标准后再排放。

（4）国际公路客运站的口岸应设入境车辆清洗和消毒设施。

（5）一、二级公路客运站和使用设有卫生间的车辆的公路客运站，应设置相应的污物收集、处理设施。

（6）港口和公路客运站宜设计中水工程和雨水利用工程。

排水系统通气的好坏直接影响着排水系统的正常使用，按照系统通气方式和立管数目，排水系统主要有图7-2所示几种形式。

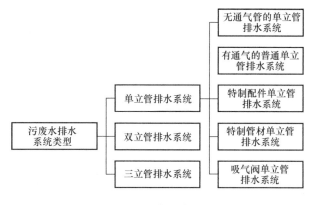

图 7-2　排水基本形式

7.2　热　水　供　应

建筑内部热水供应系统按热水供应范围，可分为局部热水供应系统、集中热水供应系统和区域热水供应系统。港口和公路客运站应设开水供应设施。对于严寒和寒冷地区，一、二级公路客运站的盥洗室应设热水供应系统，其他站级公路客运站的盥洗室宜设热水供应系统。

7.2.1　热源选择

出于节能的考虑，集中热水供应系统的热源，可按下列顺序选择：

（1）当条件许可时，宜首先利用工业余热、废热、地热、可再生低温能源热泵和太阳能作为热源。利用烟气、废气作热源时，温度不宜低于400℃。利用地热水作热源时，应按地热水的水温、水质、水量和水压，采取相应的升温、降温、去除有害物质、选择合适的设备和管材、设置贮存调节容器、加压提升等措施，以保证地热水的安全合理利用。采用空气、水等可再生低温热源的热泵热水器，需经当地主管部门批准，并进行生态环境、水质卫生方面的评估及配备质量可靠的热泵机组。利用太阳能作热源时，宜附设一套电热或其他热源的辅助加热装置。

（2）选择能保证全年供热的热力管网作为热源。

（3）选择区域锅炉房或附近能充分供热的锅炉房的蒸汽或高温热水作热源。

（4）当无上述热源可利用时，可采用专用的蒸汽或热水锅炉制备热源，也可采用燃油、燃气热水机组或电蓄热设备制备热源来直接供给生活热水。局部热水供应系统的热源，宜因地制宜，采用太阳能、电能、燃气、蒸汽等。当采用电能为热源时，宜采用贮热式电热水器，以降低耗电功率。

7.2.2 加热设备及选用

对于局部热水供应系统，常用的局部加热设备有燃气热水器、电热水器、和太阳能热水器。燃气热水器的热源有天然气、焦炉煤气、液化石油气和混合煤气四种。依照燃气压力有低压（$P \leqslant 5\text{kPa}$）、中压（$5\text{kPa} < P \leqslant 150\text{kPa}$），对于公路和港口客运站的生活、洗涤用燃气热水设备一般采用低压。按照加热冷水的方式不同，燃气热水器有直流快速式和容积式之分。容积式燃气热水器具有一定的贮水容积，使用前应预先加热，可供几个配水点或整个管网用水，可用于住宅、公共建筑和工业企业的局部和集中热水供应。电热水器是把电能通过电阻丝变成热能加热冷水的设备，一般以成品在市场上销售，分为快速式和容积式两种。太阳能热水器是将太阳能转换成热能并将水加热的装置，它节能且不存在环境问题，但受天气、季节、地理位置的影响不能连续稳定运行，需配贮热和辅助加热设施，适用于年日照时数大于1400h，年太阳辐射量大于4200MJ/m^2 及年极端最低气温不低于$-45℃$的地区。对于集中热水供应系统，可以选用的设备有热水锅炉、水加热器、加热水箱和热水贮水箱、可再生低温能源的热泵热水器。集中热水供应系统常用的水加热器有容积式水加热器、快速式水加热器、半容积式水加热器和半即热式水加热器。

加热设备的选择是关系到热水供应系统能否满足用户使用需求和保证系统长期正常运转的关键，是热水供应系统的核心组成部分。应根据热源条件、建筑物功能及热水使用规律、耗热量、维护管理等因素综合比较后确定。选用局部热水供应设备时，应符合下列要求：

（1）需同时供给多个卫生器具或设备热水时，宜选用带贮热容积的加热设备。

（2）当地太阳能资源充足时，宜选用太阳能热水器或太阳能辅以电加热的热水器。

（3）热水器不应安装在易燃物堆放或对燃气管、表或电气设备有安全隐患及有腐蚀性气体和灰尘污染的场所。

（4）燃气热水器、电热水器必须带有保证使用安全的装置。严禁在浴室内安装直接排气式燃气热水器等在使用空间内积聚有害气体的加热设备。

集中供热系统的加热设备应符合下列要求：热效率高，换热效果好，节能，节省设备用房；生活热水侧阻力损失小，有利于整个系统冷、热水压力的平衡；安全可靠、构造简单、维修操作方便。具体选择加热设备时，应遵循下列原则：

（1）当采用自备热源时，宜采用直接供应热水的燃气、燃油等材料的热水机组，亦可采用间接供应热水的自带换热器的热水机组或外配容积式、半容积式水加热器的热水机组。

（2）热水机组除满足上述要求外，还应具备燃料燃烧完全、消除烟尘、自动控制水温、火焰传感、自动报警等功能。

（3）当采用蒸汽、高温水作热源时，间接水加热设备的选型应结合热媒的供给能力、热水用途、用水均匀性及水加热设备本身的特点等因素，经技术经济比较后确定。

（4）当热源为太阳能时，宜采用热管或真空管太阳能集热器。

（5）在电源供应充沛的地方可采用电加热器。

（6）选用可再生低温能源时，应注意其适用条件及配备质量可靠的热泵机组。

8 照 明 与 电 气

8.1 照明方式与种类

照明方式可分为：一般照明、局部照明、混合照明和重点照明。为照亮整个场所时，采用一般照明；同一场所的不同区域有不同照度要求时，为节约能源，贯彻照度该高则高、该低则低的原则，采用分区一般照明；对于部分作业面照度要求高，但作业面密度又不大的场所，若只采用一般照明，会大大增加安装功率，因而是不合理的，多采用混合照明方式，即增加局部照明来提高作业面照度，以节约能源，这样做在技术经济方面是合理的；局部照明多与一般照明相结合形成混合照明的形式，因为在一个工作场所内，如果只采用局部照明会形成亮度分布不均匀，从而影响视觉作业，故一般不单独采用局部照明；如果需要突出显示某些特定的目标，可以采用重点照明提高该目标的照度，一般用于在商场建筑、博物馆建筑、美术馆建筑等场所，重点照明在港口和公路客运站建筑内应用较少。下面介绍港口和公路客运站建筑不同功能空间的照明种类选择。

（1）候车大厅

公路客运站的候车大厅一般集合了售票、行李托运、候车、检票等多种功能，要求提供一定的水平照度和垂直照度。建议采用在顶部设置的照明和在侧壁设置的照明共同作用，形成多层次、立体化的空间照明效果。大厅一般都设有大面积的采光侧窗，有些还在顶部设有采光天窗。直接射入的自然光线会形成明暗分明的光影效果并会产生比较严重的眩光。因此，在采取必要的遮光措施之外，还要合理设置照明系统来调节不同区域的实际照度，力求将其造成的影响控制在可接受的范围内。现代的公路客运大厅，往往设置了大屏幕光电显示系统。为此，要避免高亮度光束直接照射到其表面上影响显示对比度，同时还要避免具有较大发光面的灯具在显示屏表面上形成的反射眩光。售票处建议设置局部照明，保证售票台面水平照度不低于500lx。检票口可设置重点照明提高区域照度值，以方便检票员正确分辨票面文字。但照度值不宜超过周围环境平均照度值的3倍，以免引起视觉疲劳。

（2）站内通道

新型港口和公路客运站的一个趋势就是在站内设置了多条用于旅客疏散的市内交通工具的通道，包括城市铁路、市内公交车、出租汽车和社会车辆等。要注意的是，由于通道的设计照度与室外照度差别极大，应设置过渡照明来缓解车辆进出通道时出现较强烈的视觉暗适应过程。通道内照明灯具的布置还应避免眩光和对灯光信号的干扰。人行通道照明灯具应安装在不易被人流及行李物品碰坏的位置，有条件时宜暗装于顶棚或墙内，否则应加装安全保护措施。车行通道路面亮度不宜低于 $1cd/m^2$，路面应保持一定的照度均匀度，其最小照度与最大照度之比宜为 $1：10\sim1：15$。

（3）站台

目前新建的公路客运站房基本都设置有雨棚站台。独立式雨棚站台长度各异，棚下净空 4～5m，分为单柱式和双柱式（包括双柱式组合），其覆盖宽度为 5～8m。挑棚式站台与候车大厅的结构连成一体，是目前最常用的形式。挑棚站台的檐口一般比独立式雨棚站台高，常在 8～12m。站台照明的照度应保证旅客在上下车时的安全和视觉舒适性，以及乘务员能顺利识别车票表面的文字。照明灯具一般可布置在雨棚下，灯具位置不应对驾驶员判别灯光信号和观察前方情况产生有害影响。

8.2　照明节能设计方法和策略

照明系统能耗建筑能耗的重要组成部分，同时对于建筑空调制冷和供热能耗也会产生间接影响。对于公路和港口客运站建筑的照明节能，可以从以下三个方面来考虑：选用高性能的照明灯具、采用合理的照明功率密度设计值、充分利用自然采光。

8.2.1　光源的选择

港口和公路客运站照明应选用三基色荧光灯、金属卤化物灯等高效光源，不应选用普通白炽灯、荧光高压汞灯以及自镇流高压汞灯等低效光源，选用的荧光灯灯具、金属卤化物灯具、LED 灯具的效能应满足现行国家标准《建筑照明设计标准》GB 50034的规定。由于公路客运站是 12h 以上连续运营的，因此要求光源和灯具应具备较高的运行可靠性和较长的使用寿命，以降低运行维护的工作量和成本。灯具要求坚固耐用、抗震性能好、散热能力强，并易于清洁维护。空间高度低于 8m 时，应选用三基色直管荧光灯或 LED 灯；高于 8m 时可选用金属卤化物灯或大功率 LED 顶棚灯。对眩光值有要求的场所，宜使用直管荧光灯、LED 平面灯等发光表面积大、亮度低、光扩散性能好的灯具。车行通道内宜选用半截光灯具。高大空间上部安装的灯具应考虑必要的维护手段和措施，如设置维修马道或采用升降式灯具。高度超过 15m 的广场高杆照明宜选用电动升降灯盘。用于应急照明的灯具应选用 LED 灯等能快速点燃的光源。对于港口和公路客运站的走廊、厕所、楼梯间等位置及车库的行车道、停车位或无人长时间逗留，只进行检查、巡视和短时操作等工作的场所，宜选用配用感应式自动控制的发光二极管。

8.2.2 照明功率密度设计

客运站各场所的照度和照明质量指标应符合《建筑照明设计标准》GB 50034—2013 第 5 章的规定，如表 8-1 所示。

交通建筑照明标准值 表 8-1

房间或场所		参考平面及其高度	照度标准值（lx）	UGR	U_0	Ra
售票台		台面	500*	—	—	80
问讯处		0.75m 水平面	200	—	0.60	80
候车（船）室	普通	地面	150	22	0.40	80
	高档	地面	200	22	0.60	80
贵宾室休息室		0.75m 水平面	300	22	0.60	80
中央大厅、售票大厅		地面	200	22	0.40	80
海关、护照检查		工作面	500	—	0.70	80
安全检查		地面	300	—	0.60	80
换票、行李托运		0.75m 水平面	300	19	0.60	80
行李认领、到达大厅、出发大厅		地面	200	22	0.40	80
通道、连接区、扶梯、换乘厅		地面	150	—	0.40	80
有棚站台		地面	75	—	0.60	60
无棚站台		地面	50	—	0.40	20
走廊、楼梯、平台流动区域	地面	地面	75	25	0.40	60
	高档	地面	150	25	0.60	80

* 指混合照明照度。

注：表中数据摘自《建筑照明设计标准》GB 50034—2013。

在满足照明标准值的基础上，应选择合理的照明功率密度设计值，保证其小于《建筑照明设计标准》GB 50034—2013 规定的交通建筑照明功率密度限值。具体限值如表 8-2 所示。

港口和公路客运站照明功率密度设计限值 表 8-2

房间或场所		照明功率密度限值（W/m²）	
		现行值	目标值
候车（船）室	普通	≤7.0	≤6.0
	高档	≤9.0	≤8.0
中央大厅、售票大厅		≤9.0	≤8.0
行李认领、到达大厅、出发大厅		≤9.0	≤8.0

8.2.3 自然采光

调研发现，港口和公路客运站建筑的窗墙比取值较大，而且存在未充分利用自然光的情况。因此，除了使用高性能的照明灯具和选择合理的照明功率密度设计值外，还应在白天充分利用自然采光以降低照明系统能耗，即在建筑中应用昼光照明的手段。昼光照明的核心思想是通过采用合理的控制手段，将自然采光与人工照明系统结合，当室内照度达到或超过工作面照度设定值时，自动调暗或关闭人工照明，以实现对自然采光最大限度的利用。

在采光设计中，采取各种方法提高采光效率是有效利用自然采光的重要环节。如根据建筑形式和不同的光气候特点，合理选择窗的位置、朝向和不同的开窗面积。在条件允许的情况下，设置天窗采光不但能大大提高采光效率，还可以获得好的采光均匀度。伴随着建筑形式的多样化，一些新的采光技术也得到越来越多的应用，如导光管装置和膜结构的应用，均取得了比较好的采光效果。此外，对于大进深的侧面采光，可在室外设置反光板或采用棱镜玻璃，增加房间深处的采光量，有效改善空间的采光质量。昼光照明的采光方法主要分为被动式采光法和主动式采光法两类。被动式采光法是通过或利用不同类型的建筑窗户进行采光的方法，采光效果取决于窗户的类型和环境因素等；主动式采光法则是利用集光、传光和散光设备将天然光传送到需要照明部位的采光法，完全由人所控制。

（1）被动式采光法

1）侧窗采光法：通过在墙壁（垂直面）上开设窗户采光被称为侧窗采光。单面墙开窗的被称为单侧采光；双面墙开窗的被称为双侧采光。在房屋进深不大或内走廊建筑，仅有一面外墙的房间，一般都是利用单侧窗采光。这种采光方法的特点是窗户构造简单、布置方便、造价较低、采光的方向性较强。单侧采光的主要问题是采光的纵向均匀度较差，进深大、离窗户远的区域采光效果较差，往往达不到采光标准的要求。改善单侧窗采光纵向均匀度的方法之一是利用透光材料本身的反射、扩散和折射性能将光线通过顶棚反射到进深大的工作区；方法之二是在窗上设置水平搁板式遮阳板，降低近窗工作区的照度，同时利用遮阳板的上表面及房间顶棚面将光线反射到进深大的工作区。

2）顶部采光法：顶部采光是在房间或大厅的顶部开窗，将天然光引入室内。其中天窗的形式又多种多样，包括平天窗、菱形天窗（又称为金字塔形天窗）、弧形天窗等。天窗的优点是可以提供均匀和照度级较高的光线。但是也存在不足的地方，如只能适用于单层建筑或建筑的顶层等。

（2）主动式采光法

1）镜面反射：利用平面或曲面镜的反射面，将光线送到室内需要照明的部位。

这类采光方法通常有两种做法：一是将平面或曲面反光镜和采光窗的遮阳设施结合为一体，既反光又遮阳；二是将平面或曲面反光镜安装在跟踪太阳的装置上，作为定目镜，经过一次，也可能是二次反射，将光送到室内需采光的区域。

2）导光管导光：用太阳集光器收集的光线，用导光管将其传送到室内需要光照的区域。

3）导光纤维导光：利用光纤将阳光传送到建筑室内需要采光部位。

4）棱镜反射导光：该方法是用一组传光棱镜将集光器收集的太阳光传送到需要采光的部位。

5）光伏效应间接采光：利用太阳能电池的光电特性，先将光转化为电，然后将电再转化为光进行照明，而不是直接利用阳光采光照明。

（3）昼光照明与人工照明相结合

室内天然采光和人工照明的结合不仅可节约大量的人工照明用电，而且对提高室内采光和照明均匀度，改善室内光环境的质量都具有重要的技术经济意义。昼光照明和人工照明的控制方式分为照度平衡型和亮度平衡型两种。

1）照度平衡型昼间人工照明

在白天的室内，天然光照射在近窗处，为使房间深处的照度与近窗处的照度达到平衡，使之尽量保持均匀一致的照明，可以减少近窗处的人工照明。

2）亮度平衡型昼间人工照明

在白天的室内，窗的亮度很高，所以对房间里的人来说，近窗的顶棚和墙壁让人觉得暗；此外，因能看到人和物的剪影，所以感到室内阴暗。为了防止这种情况，必须使室内人工照明和窗的亮度比例达到平衡，称此为"亮度平衡型昼间人工照明"。当窗的亮度降低时，室内的人工照明的照度也应相应降低。因此，如果采用适当的昼间人工照明控制装置来减光，就会比平时按最大照度开灯进行照明要节能。

3）技术要点

① 恒定辅助人工照明照度的确定。恒定辅助人工照明的照度 E_{ps} 由照明区域的人工照明的照度标准值 E_{si} 和该区天然采光系数的最低值 C_{min} 确定，计算式为：

$$E_{ps} = E_{si} - (C_{min} \times E_w) \tag{8-1}$$

式中　E_{ps}——恒定辅助人工照明照度，lx；

　　　E_{si}——人工照明标准值，lx；

　　　C_{min}——被照明区域内天然采光系数的最低值，%；

　　　E_w——室内天然光的临界值，lx，北京地区一般取 5000lx。

上式中，E_{ps} 是被照明工作区域的最低照度。实际上在天然采光的室内，这一照度是难以达到室内靠近窗和远离窗区域之间的亮度平衡的。英国学者建议用下式计算 E_{ps}。

$$E_{ps} = 500C_m \tag{8-2}$$

式中 C_m——照明区内的采光系数的平均值乘以 100%，单位是 lx。E_{ps} 大体上是 $300\sim50$lx，可以基本上达到亮暗区的亮度平衡。

② 恒定辅助人工照明的光源选择、布灯与控制方式。照明光源的选择要特别注意使照明光源的颜色和天然光尽量一致。一般，选用相关色温为 5500K 左右的日光色荧光灯是比较适宜的。为使室内采光与照明的照度与亮度达到均衡稳定，恒定辅助人工照明一般和采光窗平行布置，而且靠窗区域由于自然光的照度高，布灯数量较少，离窗远的区域布灯较多。

灯具控制方式有三种：一是人工手动控制；二是按照室内自然光的变化，通过光电传感器进行自动控制；三是智能控制，采用连续自动调光系统，实现随自然光的变化及时调节辅助照明的照度水平，使室内天然光和人工光的总照度始终恒定在一个水平上，智能照明控制系统已有成熟技术供设计人员使用。

③ 节能效果。将天然采光和人工照明结合起来，使用智能照明控制系统，不仅可保证室内光照水平恒定不变，改善室内光环境的质量，为人们提供舒适的工作环境，而且照明节能的效果也较明显。室内照明用电量 P 等于照明耗电 W 和照明时间 T 的乘积，用式（8-3）表示。

$$P = W \times T \tag{8-3}$$

使用高光效的光源和灯具可节省照明用电，而采用智能照明控制系统，既可调光，又可开关控制，这是减少照明开灯时间的有效办法。

8.3 电 气 节 能

港口和公路客运站建筑电气系统的节能主要从以下四个方面来考虑：

（1）供配电系统的节能

电力系统中的无功功率主要是由相位角和高次谐波造成的，提高功率因数、预防和治理谐波，可以降低电力系统的无功损耗，提高供电质量。在选择输电导线截面的时候，按照经济电流密度来选择，平均可减少 $35\%\sim42\%$ 的线路损耗，经济意义重大。供配电系统应选用节能型设备，并正确选定装机容量，减少设备本身的能源消耗。合理确定供配电系统的电压等级，用电负荷容量超过 250kW 时，采用中压供电。选用符合国家变压器能效标准的高效低耗变压器，新设置的变压器应不低于国家 S10 型节能变压器的能效标准。

（2）电气照明的节能

这部分内容在前文照明节能策略中有所涉及，电气照明要根据环境条件，选择合理的照明控制方式，如充分利用自然光，采用分区控制、集中控制或自动光控等措施，尽可能采用直接型开启式或带隔栅的灯具。照明系统的节电和管理措施主要有：定时开关、调光开关、光电自动控制器以及照明管理系统等。这些节电措施，可根据分区情况，采用群控或单控方式，起到节能管理的目的。对于大面积照明，采用群控方式，可节约成本；对于特定场合，采用单独控制，可降低实现的难度。照明功率密度值不应大于表 8-1 的规定，当房间或场所的照度值高于或低于表 8-1 的规定时，其照明功率密度值应按比例提高或折减。

（3）建筑设备的电气节能

建筑的空调系统、给水排水系统以及电梯、自动扶梯、自动人行道的设计要满足现行国家标准《智能建筑设计标准》GB 50314、《公共建筑节能设计标准》GB 50189 的有关规定。合理选择电动机的功率及电压等级，提高电动机的功率因数，并采用高效节能的电动机以及合理的电动机启动调速技术。多台电梯集中设置时，应具有规定程序集中调度和控制的群控功能，3 台及以上集中设置的电梯宜选择群控方式。自动扶梯、自动人行道在全线各段空载时，应能通过感应器等使设备处于暂停或低速运行状态，达到节能的目的。对建筑物窗、门的开闭实施自动控制及管理。

（4）能耗计量与监测管理

在供用电设施责任分界点的用户侧装设规定的电能计量装置，根据实际需要进行分项、分区域（层）、分回路或分户计量。以电力为主要能源的冷水机组、锅炉等大负荷设备，设专用电能计量装置，便于业主进行能量结算和管理。大型、重要交通建筑通过电能管理系统对主要照明、空调、电力回路进行电能计量和管理。中央空调系统可根据工程实际需要进行分区域（层）、分用户或分室计量。单体建筑面积 20000 m^2 及以上的交通建筑采用能耗监测管理系统，实现分项能耗数据的实时采集、计量，准确传输，科学处理及有效存储。

9 能 源 利 用

9.1 能 源 利 用 现 状

港口和公路客运站建筑使用的主要能源形式为电力、市政热水，在严寒及寒冷地区，部分港口和公路客运站建筑使用市政热水，其他均只使用电力。能源形式用途如表 9-1 所示。

港口和公路客运站建筑不同能源形式用途 表 9-1

能源形式	用途
电力	照明、电器设备、空调、供暖
市政热水	供暖

公共建筑的能源使用，应因地制宜，基于当地环境资源条件和经济成本的分析，优先应用可再生能源，可再生能源主要是指风能、太阳能、水能、生物质能、地热能、海洋能等非化石能源。

在港口和公路客运站建筑能源应用方面，电力是主要的能源应用形式，当环境条件允许且经济技术合理时，宜采用太阳能、风能等可再生能源直接供电。例如，在具备太阳能利用条件的地区，考虑使用太阳能热水系统、照明系统、供热系统、制冷系统等太阳能利用系统。对具备可再生能源利用条件的港口和公路客运站，建设单位应当选择合适的可再生能源，用于供暖、空调、照明和电器设备等，设计建设可再生能源利用系统。港口和公路客运站建筑能源系统应当协调好可再生能源系统的运行和其他能源系统的运行之间的关系，避免出现因节能技术的应用而浪费资源的现象。

《公共建筑节能设计标准》GB 50189—2015 中提出：利用可再生能源应本着"自发自用，余量上网，电网调节"的原则。要根据当地日照条件考虑设置光伏发电装置。直接并网供电是指无蓄电池，太阳能光电并网直接供给负荷，并不送至上级电网。港口和公路客运站建筑规模相对较小，不需要考虑能源的上网，满足自身能耗即可，仅考虑可再生能源在港口和公路客运站建筑内部的应用。本书根据目前的可再生能源利用技术，给出相应的系统设计方法，为港口和公路客运站建筑的可再生能源利用提供参考。

9.2 太阳能的利用

9.2.1 太阳能资源分布

我国太阳能总辐射资源丰富，总体呈"高原大于平原、西部干燥区大于东部湿润区"的分布特点。其中，青藏高原最为丰富，年总辐射量超过1800kWh/m²，部分地区甚至超过2000kWh/m²。四川盆地资源相对较低，存在低于1000kWh/m²的区域（表9-2）。

我国太阳辐射总量等级和区域分布表   表 9-2

太阳能资源分区	年总量（MJ/m²）	年总量（kWh/m²）	年平均辐照度（W/m²）	占国土面积（%）	主要地区
丰富区	≥6300	≥1750	≥200	约22.8	内蒙古额济纳旗以西、甘肃酒泉以西、青海100°E以西大部分地区、西藏94°E以西大部分地区、新疆东部边缘地区、四川甘孜部分地区
较丰富区	5040~6300	1400~1750	160~200	约44.0	新疆大部、内蒙古额济纳旗以东大部、黑龙江西部、吉林西部、辽宁西部、河北大部、北京、天津、山东东部、山西大部、陕西北部、宁夏、甘肃酒泉以东大部、青海东部边缘、西藏94°E以东、四川中西部、云南大部、海南、台湾西南地区、香港、澳门
一般区	3780~5040	1050~1400	120~160	约29.8	内蒙古50°N以北、黑龙江大部、吉林中东部、辽宁中东部、山东中西部、山西南部、陕西中南部、甘肃东部边缘、四川中部、云南东部边缘、贵州南部、湖南大部、湖北大部、广西、广东、福建、江西、浙江、安徽、江苏、河南
贫乏区	<3780	<1050	<120	约3.3	四川东部、重庆大部、贵州中北部、湖北110°E以西、湖南西北部、台湾东北地区

可再生能源利用技术中，太阳能的利用技术最为成熟，应用范围最广，在太阳能资源丰富的地区应充分利用太阳能，结合建筑实际情况，设计太阳能能源利用系统，可以有效减少建筑电耗。太阳能的利用技术主要有太阳能光伏发电、太阳能热水、太阳能供暖等，港口和公路客运站建筑具有较大面积的房顶，可以为太阳能集热设备提供足够的空间，太阳能在港口和公路客运站建筑具有较好的适用性。港口和公路客运站建筑规模较小，而太阳能利用系统的初投资成本较高，会大大提高客运站的建设成本，但可以降低客运站能耗运营成本，是否适合安装太阳能利用系统需要根据实际情况进行评估。

太阳能的利用应符合国家现行相关标准的规定，保证太阳能利用系统的安全性和可靠性，目前太阳能利用的相关标准规范有：《建筑光伏系统应用技术标准》GB/T 51368、《民用建筑太阳能热水系统应用技术标准》GB 50364、《太阳能供热采暖工程技术标准》GB 50495、《民用建筑太阳能空调工程技术规范》GB 50787 等。

公共建筑设置太阳能热利用系统时，太阳能保证率应符合表 9-3 的规定。

太阳能保证率 f　　　　　　　　　　　　　　　　　　　表 9-3

太阳能资源条件	太阳能热水系统	太阳能供暖系统	太阳能空调系统
资源丰富区	≥60％	≥50％	≥45％
资源较丰富区	≥50％	≥35％	≥30％
资源一般区	≥40％	≥30％	≥25％
资源贫乏区	≥30％	≥25％	≥20％

9.2.2 太阳能光伏发电

（1）系统介绍

太阳能光伏发电系统是目前发展最为成熟并且应用前景最好的可再生能源产业之一。太阳能光伏发电是利用"光生伏打效应"将太阳能转换为电能。太阳能发电系统由太阳能电池组、太阳能控制器、蓄电池组成，最为常见的是并网光伏系统，其主要设备有光伏方阵、光伏接线箱、并网逆变器、蓄电池及其充电控制装置（限于带有储能装置系统）、电能表和显示相关参数的仪表。光伏系统的设计应符合现行国家标准《建筑光伏系统应用技术标准》GB/T 51368 以及其他相应的地方标准的规定。

（2）系统设计

表 9-4 列举了目前主要的光伏系统的特点和适用范围，按照是否连接电网来分，

光伏系统一般分为并网系统和独立系统，一般独立系统用于没有电网的地区，而并网系统比较常见，并网系统既可以令光电上网，更重要的是，在发电能力不足时，可以利用电网进行供电。设计港口和公路客运站建筑光伏系统时，应根据实际需求，选择合适的光伏系统。在港口和公路客运站，一般具有可靠的电力系统，建筑规模较小，建议设计无储能装置的并网交流光伏系统。

光伏系统设计选用表   表 9-4

系统类型	电流类型	储能装置	适用范围
并网光伏系统	交流系统	有	发电量大于用电量，当地电力不可靠
		无	发电量大于用电量，当地电力可靠
		有	发电量小于用电量，当地电力不可靠
		无	发电量小于用电量，当地电力可靠
独立光伏系统	直流系统	有	偏远地区，无电网覆盖，电力负荷为直流设备，且要求连续性供电
		无	偏远地区，无电网覆盖，电力负荷为直流设备，供电无连续性要求
	交流系统	有	偏远地区，无电网覆盖，电力负荷为交流设备，且要求连续性供电
		无	偏远地区，无电网覆盖，电力负荷为交流设备，供电无连续性要求

光伏系统主要设备及设计流程：太阳能光伏组件是太阳能光伏发电系统中的最核心部分，它的主要作用是将太阳能光子转化为电能，从而推动负载工作。在系统设计时，需要根据建筑电力负荷与建筑具体情况来确定光伏组件的类型、规格、安装面积、安装位置等；应根据光伏组件规格及安装面积确定光伏系统最大装机容量；根据并网逆变器的额定直流电压、最大功率跟踪控制范围、光伏组件的最大输出工作电压及其温度系数，确定光伏组件的串联数（简称光伏组件串）；最后，根据总装机容量及光伏组件串的容量确定光伏组件串的并联数。

9.2.3 太阳能热水系统

（1）系统介绍

太阳能热水系统由太阳能集热器、循环系统、保温储热系统、辅助加热系统、控制系统等组成。太阳能集中采热后，热量通过换热系统储存在储热水箱内；如果水箱的水温不够，通过辅助电加热系统装置进行二次加热达到使用温度的要求。太阳能热水系统的设计应符合现行国家标准《民用建筑太阳能热水系统应用技术标准》GB 50364以及相应的地方标准规范的规定。

（2）系统设计

太阳能热水系统的有多种分类方式，按系统的集热与供热水方式可分为三类：集中—集中供热水系统、集中—分散供热水系统、分散—分散供热水系统；根据循环系统的动力不同可分为三类：自然循环系统、强制循环系统、直流式系统；按生活热水与集热系统内传热工质的关系可分为两类：直接系统、间接系统；根据热水集热系统是否与空气接触，分为闭式系统、开式集热系统。港口和公路客运站建筑的太阳能热水系统设计时，必须根据工程实际情况选择合理的系统类型，一般来说，如果港口和公路客运站有集中热水要求，宜采用集中—集中太阳能热水系统。根据集热器类型及其承压能力、集热器布置方式、运行管理条件等因素，采用闭式集热系统或开式集热系统。

太阳能直接系统的集热器总面积可按下列公式计算：

$$A_{C} = \frac{Q_{w}\rho_{w}C_{w}(t_{end} - t_{o})f}{J_{T}\eta_{cd}(1 - \eta_{L})} \tag{9-1}$$

$$Q_{w} = q_{r}mb_{1} \tag{9-2}$$

式中 A_{C}——太阳能直接系统的集热器总面积，m^{2}；

      Q_{w}——日均用热水量，L；

      C_{w}——水的定压比热容，$kJ/(kg \cdot ℃)$；

      ρ_{w}——水的密度，kg/L；

    t_{end}——储热水箱内热水的终止设计温度，℃；

      t_{o}——储热水箱内冷水的初始设计温度，℃，通常取当地年平均冷水温度；

      J_{T}——当地太阳能集热器采光面上的年平均日太阳辐照量，kJ/m^{2}，可按本指南附录1确定；

      f——太阳能保证率，%，太阳能热水系统在不同太阳能资源区的太阳能保证率 f 可按表9-3的推荐范围选取；

    η_{cd}——基于总面积的太阳能集热器年平均集热效率，%，应根据太阳能集热器产品基于太阳能集热器总面积的瞬时效率方程（瞬时效率曲线）的实际测试结果，按本指南附录2规定的方法进行计算；

η_L——太阳能集热系统中贮热水箱和管路的热损失率,%,根据经验取值宜为 $0.20\sim0.30$;

q_r——平均日热水用水定额,$L/(人 \cdot d)$,应符合现行国家标准《建筑给水排水设计标准》GB 50015 的相关规定;

m——计算用水的人数或床数;

b_1——同日使用率,平均值应按实际使用工况确定,当无条件时,港口和公路客运站建筑可选取 0.8。

太阳能间接系统的集热器总面积可按下式计算:

$$A_{IN} = A_C \cdot \left(1 + \frac{U \cdot A_C}{U_{hx} \cdot A_{hx}}\right) \tag{9-3}$$

式中 A_{IN}——太阳能间接系统集热器总面积,m^2;

A_C——太阳能直接系统集热器总面积,m^2;

U——太阳能集热器总热损系数,$W/(m^2 \cdot ℃)$,对平板型太阳能集热器,U 宜取 $4\sim6W/(m^2 \cdot ℃)$,对真空管太阳能集热器,U 宜取 $1\sim2W/(m^2 \cdot ℃)$;

U_{hx}——换热器传热系数,$W/(m^2 \cdot ℃)$;

A_{hx}——换热器换热面积,m^2。

太阳能集热系统循环泵流量和扬程的计算方法如下:

循环泵的流量可按下式计算:

$$q_x = q_{gz} \cdot A_j \tag{9-4}$$

式中 q_x——太阳能集热系统循环流量,m^3/h;

q_{gz}——单位面积太阳能集热器对应的工质流量,$m^3/(h \cdot m^2)$,应按太阳能集热器产品实测数据确定;无实测数据时,可取 $0.054\sim0.072m^3/(h \cdot m^2)$,相当于 $0.015\sim0.020L/(s \cdot m^2)$;

A_j——太阳能集热器总面积,m^2。

太阳能开式系统循环泵的扬程应按下式计算:

$$H_x = h_{jx} + h_j + h_z + h_f \tag{9-5}$$

式中 H_x——循环泵扬程,kPa;

h_{jx}——太阳能集热系统循环管路的沿程与局部阻力损失,kPa;

h_j——循环流量流经太阳能集热器的阻力损失,kPa;

h_z——太阳能集热器顶部与储热水箱最低水位之间的几何高差造成的阻力损失，kPa；

h_f——附加压力，kPa，取 20～50kPa。

太阳能闭式系统循环泵的扬程应按下式计算：

$$H_x = h_{jx} + h_j + h_c + h_f \qquad (9\text{-}6)$$

式中 h_c——循环流经换热器的阻力损失，kPa；

其他符号意义同前。

港口和公路客运站建筑一般将太阳能集热器设置在平屋面上，应符合下列要求：

1) 对朝向为正南、南偏东或南偏西不大于30°的建筑，太阳能集热器可朝南设置，或与建筑同向设置；

2) 对朝向南偏东或南偏西大于30°的建筑，太阳能集热器宜朝南设置或南偏东、南偏西小于30°设置；

3) 对受条件限制，太阳能集热器不能朝南设置的建筑，可朝南偏东、南偏西或朝东、朝西设置；

4) 水平安装的太阳能集热器可不受朝向的限制；但当真空管太阳能集热器水平安装时，真空管应东西向放置；

5) 在平屋面上宜设置太阳能集热器检修通道。

太阳能集热器设置在坡屋面上，应符合下列规定：

1) 太阳能集热器可设置在南向、南偏东、南偏西或朝东、朝西建筑坡屋面上；

2) 坡屋面上太阳能集热器应采用顺坡嵌入设置或顺坡架空设置；

3) 作为屋面板的太阳能集热器应安装在建筑承重结构上；

4) 作为屋面板的太阳能集热器所构成的建筑坡屋面在刚度、强度、热工、锚固、防护功能上应按建筑围护结构设计。

太阳能集热器设置在墙面上：在高纬度地区，太阳能集热器可设置在建筑的朝南、南偏东、南偏西或朝东、朝西的墙面上，或直接构成建筑墙面；在低纬度地区，太阳能集热器可设置在建筑南偏东、南偏西或朝东、朝西墙面上，或直接构成建筑墙面。

太阳能产生的热能宜作为预热热媒间接使用，与辅助热源宜串联使用；生活热水宜作为被加热水直接供应到用户末端，生活热水应与生活冷水用一个压力源，给水总流量应符合现行国家标准《建筑给水排水设计标准》GB 50015 的规定。

9.2.4 太阳能供暖

（1）系统介绍

太阳能供暖系统应由太阳能集热系统、蓄热系统、末端供暖系统、自动控制系统和其他能源辅助加热或换热设备集合构成。在冬季，太阳能集热系统加热水体，热水在集热循环的作用下送至储热水箱，由温差所引起的密度差使水箱中的水产生冷热分层现象，水箱上部的热水在供暖循环泵的作用下为建筑供暖；同时，回水被送至回水箱底部，水箱底部的冷水（回水）在集热循环泵的作用下，又回到太阳能集热器中进行加热。如此循环，为建筑供暖。当夜间或遇到连续阴雨天，太阳辐射能不足时，可采用辅助热源来加热供暖水，以保证供暖效果。太阳能供暖系统设计应符合现行国家标准《太阳能供热采暖工程技术标准》GB 50495 的规定。

（2）系统设计

太阳能供暖系统类型的选取如表 9-5 所示。

太阳能供暖系统类型　　　　　　　　　　　　　表 9-5

气候分区			严寒地区	寒冷地区	夏热冬冷、温和地区
太阳能供暖系统	集热器	液态集热器	√	√	√
		空气集热器	√	√	√
	集热系统	直接系统	×	×	√
		间接系统	√	√	×
	蓄热能力	短期蓄热	√	√	√
		季节蓄热	√	√	×
	供热设施	低温热水辐射	√	√	√
		水-空气处理设备	√	√	√
		散热器	√	√	√
		热风供暖	√	√	√

注：√表示可选用项，×表示不可用。

太阳能集热系统直接集热器总面积可采用下式计算：

短期蓄热直接系统集热器：

$$A_C = \frac{86400 Q_J f}{J_T \eta_{cd}(1-\eta_L)}$$ （9-7）

式中　A_C——短期蓄热直接系统太阳能集热器总面积，m^2；

　　　Q_J——太阳能集热系统设计负荷，W；

J_T——当地太阳能集热器采光面上的 12 月平均日太阳辐照量，$J/(m^2 \cdot d)$，可按本指南附录 1 选取；

f——太阳能保证率，%，太阳能供暖系统在不同太阳能资源区的太阳能保证率 f 可按表 9-3 的推荐范围选取；

η_{cd}——基于总面积的太阳能集热器年平均集热效率，%，应根据太阳能集热器产品基于集热器总面积的瞬时效率方程（瞬时效率曲线）的实际测试结果，按本指南附录 3 规定的方法进行计算；

η_L——蓄能水箱以及管路热损失率，取 0.2~0.3。

季节蓄热直接系统太阳能集热器总面积应按下式计算：

$$A_{c,s} = \frac{86400 Q_J f D_s}{J_T \eta_{cd} (1 - \eta_L) \left[D_s + (365 - D_s) \eta_s \right]} \tag{9-8}$$

式中 $A_{c,s}$——季节蓄热直接系统太阳能集热器总面积，m^2；

J_T——当地太阳能集热器采光面上的年平均日太阳辐照量，$J/(m^2 \cdot d)$，可按本指南附录 1 选取；

D_s——当地供暖期天数，d；

η——季节蓄热系统效率，可取 0.7~0.9。

间接集热系统集热面积计算以及设计流量计算参考本指南 9.2.3 节太阳能热水系统计算。

太阳能集热系统的设计流量应根据太阳能集热器阵列的串并联方式和每阵列所包含的太阳能集热器数量、面积及太阳能集热器的热性能计算确定。在当地太阳辐照、大气压力等气象条件下，太阳能液体工质集热系统的设计流量应满足出口工质温度符合设计要求且不致汽化，太阳能空气集热系统的设计流量应满足出口工质温度符合设计要求且不致造成过热安全隐患。太阳能集热系统水泵、风机等设备应按集热器流量和进出口压力降等参数通过系统水力计算进行选型。

9.2.5　太阳能空调

（1）系统介绍

太阳能空调技术中比较成熟的是太阳能吸收式制冷，即利用太阳集热器为吸收式制冷机提供其发生器所需要的热媒水。以溴化锂吸收式制冷机为例，在制冷机运行过程中，当溴化锂水溶液在发生器内受到热媒水加热后，溶液中的水不断汽化；水蒸气进入冷凝器，被冷却水降温后凝结；随着水的不断汽化，发生器内的溶液浓度不断升高，进入吸收器；当冷凝器内的水通过节流阀进入蒸发器时，急速膨胀而汽化，并在汽化过程中大量吸收蒸发器内冷媒水的热量，从而达到制冷的目的；在此过程中，低温水蒸气进入吸收器，被吸收器内的浓溴化锂溶液吸收，溶液浓度逐渐降低，由溶液泵送回发生器，完成整个循环。

常规的吸收式空调系统主要包括吸收式制冷机、空调箱（或风机盘管）、锅炉等几部分，而太阳能吸收式空调系统在此基础上再增加太阳能集热器、储水箱和自动控制系统。太阳能吸收式空调系统可以实现夏季供冷、冬季供暖、全年提供生活热水等多项功能。太阳能空调系统的设计应符合现行国家标准《民用建筑太阳能空调工程技术规范》GB 50787 的规定。

（2）系统设计

太阳能空调系统应根据制冷机组对驱动热源的温度区间要求选择太阳能集热器，太阳能集热器总面积应根据设计太阳能空调负荷率、建筑允许的安装条件和安装面积、当地气象条件等因素综合确定；计算和分析热水温度、制冷机组的制冷量、制冷性能系数等参数确定太阳能空调系统性能；根据太阳能集热系统的蓄能要求和制冷机组稳定运行的热量调节要求确定蓄能水箱的容积。

1）太阳能集热系统

太阳能空调系统的集热面积应按照下式计算

$$Q_{YR} = \frac{Q \cdot r}{COP} \tag{9-9}$$

$$A_C = \frac{Q_{YR}}{J\eta_{cd}(1-\eta_L)} \tag{9-10}$$

式中 Q_{YR}——太阳能集热系统提供的有效热量，W；

Q——太阳能空调系统服务区域的空调冷负荷，W；

COP——制冷机组性能系数；

r——设计太阳能空调负荷率，取 40%～100%；

A_C——直接式太阳能集热系统集热器总面积，m²；

J——空调设计日太阳能集热器采光面上的最大总太阳辐射照度，W/m²；

η_{cd}——太阳能集热器平均集热效率，取 30%～45%；

η_L——蓄能水箱以及管路热损失率，取 0.1～0.2。

间接集热系统集热面积计算以及设计流量计算参考本指南 9.2.3 节太阳能热水系统计算。

2）制冷系统

太阳能制冷系统设计应根据建筑功能和使用要求，选择连续供冷或间歇供冷方式，空调末端应根据太阳能空调的冷水工作温度进行设计，并应符合现行国家标准《民用建筑太阳能空调工程技术规范》GB 50787—2012 的有关规定。

太阳能空调系统中选用热水型溴化锂吸收式制冷机组时，应符合下列规定：

① 机组在名义工况下的性能参数，应符合现行国家标准《蒸汽和热水型溴化锂吸收式冷水机组》GB/T 18431 的有关规定；

② 机组的供冷量应根据机组供水侧污垢及腐蚀等因素进行修正；

③ 机组的低温保护以及检修空间等要求应符合现行国家标准《蒸汽和热水型溴化锂吸收式冷水机组》GB/T 18431 的有关规定。

太阳能空调系统中选用热水型吸附式制冷机组时，应符合下列规定：

① 制冷系统的热水流量、冷却水流量以及冷水流量应按照机组的相关性能参数确定。

② 机组在名义工况下的性能参数，应符合相关现行标准的规定；

③ 宜选用两台机组；

④ 工况切换的电动执行机构应安全可靠。

3）蓄热系统

太阳能空调系统蓄能水箱的容积宜按每平方米太阳能集热器 20～80L 确定。太阳能空调系统蓄能水箱的工作温度应根据制冷机组高效运行所对应的热水温度区间确定。太阳能空调蓄热系统的设计安装需要满足以下要求：

① 蓄能水箱可设置在地下室或顶层的设备间、技术夹层中的设备间或为其单独设计的设备间内，其位置应满足安全运转以及便于操作、检修的要求；

② 蓄能水箱容积较大且在室内安装时，应在设计中考虑水箱整体进入安装地点的运输通道；

③ 设置蓄能水箱的位置应具有相应的排水、防水措施；

④ 蓄能水箱上方及周围应留有符合规范要求的安装、检修空间，不应小于600mm；

⑤ 蓄能水箱应靠近太阳能集热系统以及制冷机组，减少管路热损；

⑥ 蓄能水箱应采取良好的保温措施。

9.3 地 热 能

地热能是指蕴藏在地表下的热能，具有清洁低碳、分布广泛、资源丰富、安全可靠的优点，通常分为浅层地热能、水热型地热能、干热岩型地热能。地热能利用系统具有稳定可靠、能效较高的特点，在可再生能源中占重要地位，是未来能源结构转型的重要方面。地热资源相比于太阳能资源更加可靠稳定，但系统更加复杂，地热的冷热平衡以及地热水的回灌都是地热能系统需要考虑的重要问题。

9.3.1 地热能资源分布

中国地质调查局组织完成全国地热能资源调查，对浅层地热能、水热型地热能和干热岩型地热能资源分别进行评价。结果显示，我国大陆 336 个主要城市浅层地热能年可采资源量折合 7 亿 tce，可实现供暖（制冷）建筑面积 320 亿 m^2，其中华北平原和长江中下游平原地区最适宜浅层地热能开发利用。我国大陆水热型地热能年可采资源量折合 18.65 亿 tce（回灌情景下）。其中，中低温水热型地热能资源占比达 95% 以上，主要分布在华北、松辽、苏北、江汉、鄂尔多斯、四川等平原（盆地）以及东南沿海、胶东半岛和辽东半岛等山地丘陵地区；高温水热型地热能资源主要分布于西藏南部、云南西部和四川西部，西南地区高温水热型地热能年可采资源量折合 1800 万 tce，发电潜力 7120MW，地热能资源的梯级高效开发利用可满足四川西部、西藏南部少数民族地区约 50% 人口的用电和供暖需求。

9.3.2 地热热泵系统

港口和公路客运站建筑使用地源热泵系统，需要对建筑物所在地的工程场地及浅层地热能资源状况进行实际勘察，从可行性和经济性进行综合分析，确定是否适合采用地源热泵系统。地源热泵系统应符合现行国家标准《地源热泵系统工程技术规范》GB 50366 的规定。

地源热泵系统供回水温度，应能保证原有输配系统和空调末端系统的设计要求。建筑物有生活热水需求时，地源热泵系统宜采用热泵热回收技术提供或预热生活热水。当地源热泵系统地埋管换热器的出水温度、地下水或地表水的温度满足末端进水温度需求时，应设置直接利用的管路和装置。

不同地区岩土体、地下水或地表水水温差别较大，设计时应按实际水温参数进行设备选型。末端设备应采用适合水源热泵机组供、回水温度特点的低温辐射末端，保证地源热泵系统的应用效果，提高系统能源利用率。

地源热泵系统设计时容易出现全年冷、热负荷不平衡的问题，这将导致地埋管区域岩土体温度持续升高或降低，从而影响地埋管换热器的换热性能，降低运行效率。因此，地埋管换热系统设计应考虑全年冷热负荷的影响。当两者相差较大时，宜通过技术经济比较，采用辅助散热（增加冷却塔）或辅助供热的方式来解决，一方面经济性较好，另一方面也可避免因吸热与放热不平衡导致的系统运行效率降低。

推荐使用带辅助冷热源的混合式系统，可有效减少埋管数量或地下（表）水流量或地表水换热盘管的数量，同时也是保障地埋管系统吸、放热量平衡的主要手段，已成为地源热泵系统应用的主要形式。

地源热泵系统的能效除了与水源热泵机组能效密切相关外，受地源侧及用户侧循环水泵的输送能耗影响很大，设计时应优化地源侧环路设计，宜采用根据负荷变化调节流量等技术措施。

对于地埋管系统，配合变流量措施，可采用分区轮换间歇运行的方式，使岩土体温度得到有效恢复，提高系统换热效率，降低水泵系统的输送能耗。对于地下水系统，设计时应以提高系统综合性能为目标，考虑抽水泵与水源热泵机组能耗间的平衡，确定地下水的取水量。地下水流量增加，水源热泵机组性能系数提高，但抽水泵能耗明显增加；相反，地下水流量减少，水源热泵机组性能系数较低，但抽水泵能耗明显减少。因此，地下水系统设计应在两者之间寻找平衡点，同时考虑部分负荷下两者的综合性能，计算不同工况下系统的综合性能系数，优化确定地下水流量。该项工作能有效降低地下水系统运行费用。设计地源热泵系统时，能效比可参考表9-6。

地源热泵系统性能级别划分　　　　　　　　表9-6

工况	1级	2级	3级
制热性能系数 COP	$COP \geqslant 3.5$	$3.0 \leqslant COP < 3.5$	$2.6 \leqslant COP < 3.0$
制冷能效比 EER	$EER \geqslant 3.9$	$3.4 \leqslant EER < 3.9$	$3.0 \leqslant EER < 3.4$

注：本表引自《可再生能源建筑应用工程评价标准》GB/T 50801—2013。

9.4 海 洋 能

9.4.1 海洋能资源

海洋能是一种蕴含在海水中的可再生能源，海洋通过各种物理过程接收、储存和散发能量，这些能量以潮汐能、波浪能、温差能、盐差能、海流能等形式存在于海洋之中。海洋能的利用是指利用一定的方法、设备把各种海洋能转换成电能或其他可利用形式的能。由于海洋能具有可再生性和不污染环境等优点，因此是一种亟待开发的新能源。

港口和客运站建筑在海洋能的利用上具有得天独厚的地理条件，可以选用海水源热泵来开发利用海洋能，有效降低化石燃料等传统能源的消耗。

9.4.2 海水源热泵

海水源热泵系统是利用海水中大量的低品位能，借助压缩机系统，在冬季把存于海水中的热能"取"出来，给建筑物供热；夏季则把建筑物内的热量"取"出来释放到海水中，以达到调节室内温度的目的。这种机组的最大优势在于对资源的高效利用，既不消耗海水，也不对海水造成污染。另外，它的热效率高，消耗 1kW 的电能，可以获得 3～4kW 的热量或冷量。海水源热泵主要分为三类：海岸井取水式海水源热泵、海水换热器式海水源热泵和直接取水式海水源热泵。

（1）海岸井取水式海水源热泵

海岸井取水方式是通过在海岸附近打井的方式获得海水，这部分海水因为土壤的渗透性质进入地下，通过水泵抽取海岸井中的海水进入热泵机组进行换热，将热量带给热泵机组或从热泵机组带出热量。

海岸井中的海水会与地下土壤先进行热量交换，使得其温度在冬季时更高，在夏季时更低，因此提升了热泵机组的运行效率。然而，海岸井取水方式容易造成海水入侵，造成地下淡水层的破坏，会对沿海地区的农业生产及居民生活造成较大影响，并且对地质条件的要求较高，适用性较差。

（2）海水换热器式海水源热泵

海水换热器式海水源热泵系统是将海水换热器放入海水中，海水通过换热器与换热器内的乙二醇溶液进行换热，实现海水热能的传递。因此，换热过程中乙二醇溶液不会与海水直接接触，海水也不会与热泵机组直接接触，可以有效避免冬季工况海水温度较低时出现的结冰问题，以及海水对热泵机组的腐蚀问题。此外，海水换热器形式多种多样，有盘管式、排圈式、螺旋管式、管束式等。

由于海水不直接进入热泵机组，不需要设置单独的装置对海水的水质进行处理，降低了海水源热泵的初投资。并且运行过程中机组内也不易结垢，不需要进行多余的维护，降低了系统运行成本。此外，由于乙二醇水溶液冰点较低，在冬季运行时也不会出现结冰导致的系统无法运行的问题。但是，海水换热器式海水源热泵也存在一些问题：由于换热器沉入海底的深度有限，海水温度容易受室外气象参数的影响，导致海水温度波动大，影响热泵机组的运行效率。此外，由于海水需要先和换热器内的乙二醇水溶液进行换热，乙二醇水溶液再和热泵机组内的制冷剂进行换热，因此换热效率会稍弱于海岸井取水式以及直接取水式海水源热泵。

（3）直接取水式海水源热泵

直接取水式海水源热泵系统利用水泵直接抽取海水，并通过海水管线将海水输送到热泵机组，与热泵机组中的制冷剂进行换热。

由于海水直接进入热泵机组与制冷剂进行换热，减少了海水换热过程的中间环节，减少了热损失，因此热泵机组具有更高的效率。此外，通过对海水取水点和海水排水点的位置进行合理安排，保证取水的海水温度相对稳定，可以提高热泵机组的运行效率。但是，由于海水直接进入热泵机组，其腐蚀性会对机组的运行寿命产生影响，通常需要对热泵机组的蒸发器和冷凝器增加防腐措施，提高了系统的初投资。同时，还需要定期对机组进行清洗和维护，运行成本也较高。

10 性能化设计方法

传统的设计方法广泛应用于实际工程设计，但存在一定局限性，例如，冷热负荷计算不准确，房间供暖制冷效果不好或者过量，导致实际空调系统舒适性差以及能源浪费的现象。随着计算机技术的发展，建筑环境模拟及建筑能耗模拟技术已经相当成熟。建筑模拟技术可以更加准确地计算建筑冷热负荷，而且能够模拟供暖空调系统的实际运行情况。通过模拟和分析设计方案，并进行比较和优化，来验证设计方案的合理性，使设计的供暖空调系统更好地满足室内的供暖空调需求，并降低建筑能耗。利用建筑模拟的方法来设计和优化建筑暖通空调系统，称为性能化设计方法。本指南对该设计方法进行说明。

10.1 性能化设计工具

1. eQUEST

eQUEST 能耗模拟软件以 DOE-2 算法为内核，吸收了 DOE-2 的优点，增加了很多新功能后，简化了建模过程，方便了模拟结果的输出，被广泛应用于能耗研究课题中。通过输入室外气象数据文件、设置围护结构情况和输入人员、照明、设备这三种室内发热量后，可快速计算出建筑逐日冷热负荷；同时，设置暖通空调系统形式、各设备性能及建筑运行时刻表后，可快速计算出建筑全年的能耗情况。基于冷热负荷和能耗模拟，可以对空调系统的设计方案进行评价，选择最优的空调系统设计方案，在满足建筑室内环境要求的同时，减少能源浪费。

2. DeST

DeST 能耗模拟软件可以实现各种复杂形式建筑的能耗模拟分析；可以对围护结构的选材、组合以及保温、隔热等围护措施进行计算；内扰和通风的设置方式灵活，可以辅助指导建筑通风设计；通过建筑设计方案下的能耗模拟，评价现有方案，辅助建筑设计方案，实现性能化设计。

3. EnergyPlus

EnergyPlus 是一个完整的建筑能耗模拟程序，工程师、建筑师和研究人员可使用该程序对能耗（用于供暖，制冷，通风，照明，即插即用和过程负荷）以及建筑物中的用水进行建模。

EnergyPlus 的特征和功能包括：热区条件和暖通空调系统响应的集成，同步解决方案，但不能假定暖通空调系统可以满足区域负载，并且可以模拟无条件和条件不足的空间。可自定义时间步长，用于热区与环境之间的交互；具有自动更改的时间步长，用于热区和暖通空调系统之间的交互。软件中设有窗模型，例如可控的百叶窗、变色玻璃和逐层热平衡，可计算窗玻璃吸收的太阳能。基于组件的暖通空调系统，可以根据标准和实际参数调整暖通空调系统的参数设置。这些功能在保证精度的前提下提高模拟速度。

在系统控制方面，EnergyPlus 软件具有暖通空调和照明控制策略以及可扩展的运行时脚本系统，可实现自定义控制策略。EnergyPlus 可以对建筑及设备系统快速建模，指导建筑暖通空调系统设计，优化设计方案。

10.2　模型参数说明

根据建筑的类型、层数、层高、形状，在 eQUEST 中构建建筑模型，根据 CAD 平面图纸，划分每层建筑的建筑分区。模型参数选取要根据建筑的设计工况或实际情况，选取合适的建筑参数。模型参数主要包括气象参数、围护结构参数、内部负荷、暖通空调系统参数和建筑运营时间表。

（1）气象参数

根据模拟的港口和公路客运站建筑位置，选取相应地区的气象文件。

（2）围护结构参数

围护结构在建筑中具有保温隔热的重要作用，是建筑能耗模拟的必要参数，对建筑能耗有着很大的影响。围护结构的影响因素很多，大致可分为以下几部分：1）围护结构形状和朝向；2）外围护结构（如屋顶、墙体、透明外窗、天窗等）的热工参数；3）透明外窗和天窗的比例；4）综合遮阳系数；5）外窗和透明幕墙的气密性。所有上述围护结构的设置都来源于方案或者设计图纸，如有不满足项，需要按照标准规定进行权衡判断，可以参考本指南第 3 章建筑热工参数。

（3）内部负荷设置

室内负荷是建筑热环境动态模拟的输入参数。以 eQUEST 软件为例，需要设置人员、照明、设备这三种内扰参数。这三种热源作用于室内热环境的方式是不同的，人体和设备的散湿伴随着潜热散热，它们直接作用到室内空气，立刻影响室内空气的焓值。而照明、人体和设备的显热散热则以两种方式在室内进行热交换：一种是以对流方式直接传给室内空气，另一种则以辐射形式向周围各表面传递，之后再通过各表面和室内空气之间的对流换热，逐渐传递给室内空气。因此，各种室内发热量的描述方式有所不同，对人体和设备需要分别定义显热和潜热的发热量。照明则只需定义显热的发热量。同时，这三种热源的显热部分都要进行对流和辐射份额的分配。

由于各种室内发热量的大小随时间不断变化，因此为了得到更加准确的建筑负荷及能耗模拟结果，需要根据室内发热量的大小随时间的变化规律对内扰进行设置。在 eQUEST 软件中，可以设置时间表，来控制照明、设备的利用率和人员的在室率，DeST 软件采用室内发热量每一时刻的实际大小与设定最大值的比值作为该发热量的作息值（即室内相对发热量），例如，人员密度的作息指的是某时刻的人员密度与设定最大人员密度的比值、灯光的作息指的是某时刻的灯光功率与设定最大功率的比值，设备的作息指的是某时刻的设备功率与设定最大设备功率的比值。对三种室内发热量的描述包括以下内容：

1）人员

人员属于可数的室内热源，且单位人体的潜热产热和显热产热有较多的参考数值可以选择，因此对于人员产热的描述内容包括：单位人体的潜热产热量和显热产热量、显热对流辐射比、房间的人员数量指标以及人员产热的时间表。

2）设备

设备产热的描述内容包括：设备功率密度或设备功率、潜热产热指标、显热产热指标、显热对流辐射比以及设备产热的时间表。

3）照明

照明产热的描述内容包括：照明功率密度或照明功率、房间照明的显热产热指标、显热对流辐射比以及照明产热的时间表。

（4）暖通空调系统

暖通空调系统是建筑能耗的主要内容之一，无论是进行方案优化还是能耗估算，都必须设置暖通空调系统设备及性能。对建筑能耗影响较大的参数主要包括空调系统形式、新风量、室内设计参数、静压、功率、风量、风机运转方式、性能参数以及运行时间。在模拟前，需要调研设计的暖通空调系统和相关参数。

（5）建筑运营时间表

每个建筑都有自己的运营特点，为了能更准确计算建筑能耗，需要设置详细的时间表。因此，需要在建模前先摸清人员、照明、设备、空调、风机、水泵以及一些特殊的耗能设备每天、每月、每年的运行情况。对建筑运行的真实把握，有助于使模拟结果更加准确，更加接近实际情况。在软件的设置中，建筑运行的规律体现在各种时刻表的设置，比如某项目工作人员何时开始工作、何时下班，每个星期的日程安排等以及室内设定温度、空调系统和室内其他设备的运行时刻表。例如，eQUST 软件根据不同的建筑类型（办公建筑、住宅建筑、商场写字楼、别墅等）都设定了相应的默认运行时刻表，当选择不同的建筑类型时，与该类建筑类型相关的所有设置都会关联改变，也可以根据实际情况自定义设置。

10.3 性能化设计

10.3.1 暖通空调系统

建筑环境是由室外气候条件、室内各种热源的发热状况以及室内外通风状况所决定的。建筑环境控制系统的运行状况也必须随着建筑环境状况的变化而不断进行相应的调节，以实现满足舒适性及其他要求的建筑环境。计算机模拟计算的方法可以有效预测建筑环境在各种控制条件下可能出现的状况，例如室内温湿度随时间的变化、供暖空调系统的逐时能耗以及建筑物全年环境控制所需要的能耗等。对于暖通空调系统，能耗模拟的内容涉及影响暖通空调能耗的各个方面，从模拟分析对象的角度看，可以分为以下几个方面：

（1）与建筑方案相关的模拟内容。建筑方案设计涉及建筑布局和造型、空间划分、围护结构设计、自然通风设计等诸多方面，不同的设计方案会带来不同的建筑热性能，具体方案涉及建筑朝向的选取、建筑外立面设计、体形系数的确定、窗墙面积比选取、遮阳设计、围护结构（包括外墙、屋面、窗户等）的选取、自然通风设计等。比如，通过改善墙体保温、改进外窗性能和窗墙面积比、选取不同热惰性的围护结构等措施，都将改变建筑物室内热环境和能源消耗。然而这些措施与建筑环境及建筑物全年能耗之间的关系很难进行直接准确的分析，只有通过逐时的动态模拟才能得到。例如，加大外窗面积会在冬天增加太阳得热，但在夜间又会增加向室外的散热，夏季还会导致通过外窗的得热增加，加大空调能耗。因此，需要对窗墙面积比进行优化。同样，增加外墙保温厚度，可减少冬夏季热损失，但随着保温厚度不断增加，收益的增加逐渐变缓而投资却继续线性增长，因此也存在最优的保温厚度。由于这些相互制约的关系都随气候及室内状况而变化，因此相关优化也只有对建筑进行动态模拟才能实现。

（2）暖通空调系统的方案设计包括空调系统分区（比如内区、外区、按朝向分区、按房间功能分区等）、空调系统形式选取（如变风量全空气系统，风机盘管加新风系统，辐射供暖/制冷等）、设备选型和搭配、系统连接形式设计等。实际的空调系统是运行在各种可能出现的气候条件和室内使用方式下，其大部分时间都不是运行在极端冷或极端热的设计工况，而是介于二者之间的部分负荷工况下。这些可能出现的部分负荷工况情况多样，特点各不相同，往往在实际运行中出现问题，或难于满足环境控制要求，或出现不合理的冷热抵消，导致能耗增加。通过对全年的逐时动态模拟，就会了解实际运行中可能出现的各种工况和各种问题，从而在系统、结构中采取有效措施。通过这样的动态模拟，还可以预测不同系统设计导致的全年空调能耗，从而对系统方案和设备配置进行优化。

（3）在实际建筑物中，不同的系统控制策略对系统能耗有显著的影响。对暖通空调系统，控制策略涉及的内容包括设备的开机和加减机策略、设备的控制参数设定值调节策略、设备的变频调节策略等，比如冷热源的控制（机组群控、利用"峰谷电价"采用蓄能技术时的蓄能策略、冷热源出水温度的调节策略等），水泵变频控制及其控制参数（比如用户侧总压差）的调节策略，冷却塔风机的变频控制，冷却塔出水温度的调节策略，冷机、冷却泵、冷却塔等设备的搭配运行方式等。对暖通空调系统的控制策略进行模拟，就是要准确反映这些控制策略对系统和设备运行的影响，分析不同控制策略的能耗状况和环境控制效果，从而优化系统运行效果，以更小的能耗获得预期的环境控制效果。

10.3.2 照明系统

室内采光和照明是建筑设计中重要的组成部分，由于港口和公路客运站建筑运营时间长，需要满足客运功能，照明系统能耗较高。在照明系统的设计中，主要分为自然采光和人工照明两部分。自然光具有光效高、显色性好和节能等优点。在室内光环境设计中最大限度地利用自然光，不仅可以节约照明用电，而且对室内光环境质量的提供也具有重要意义。关于照明系统的性能化设计主要需要考虑以下两方面：

（1）节能灯具的使用

照明系统节能灯具，不仅能降低照明能耗，并且可以有效降低空调冷负荷。港口和公路客运站建筑需要24h连续运营，而且候车厅和候船厅更是有较高的照明要求，照明系统的能耗不容忽视，而且与暖通空调系统不同，照明系统是全年使用。因此，节能灯具对减小建筑能耗有很积极的作用。

（2）照明控制

照明控制系统可以分为两类：一是可以同时管理暖通空调和照明系统的综合建筑管理系统，其控制自动化程度较高，可以做到多系统耦合反馈和控制；二是只针对照明系统本身进行控制，中小型建筑通常使用独立的照明控制系统。照明控制策略一般分为人工控制、定时控制、自然光控制及照度保持等几种常见策略。

人工控制是最常见的控制策略，即使用者根据自己的需要来控制和调节照明。人工控制与人员的使用习惯和敏感程度有很大的关系，做到人走灯灭可节省大量的照明能耗。

定时控制是按照设定的时间表控制照明的状态，对于港口和公路客运站建筑而言，客运时间和工作相对固定，这种方式相对简单，而且具有较好的节能效果。

自然光控制是根据自然光控制和调整人工照明的方式，需要光传感设备、调节系统以及可调节的人工照明系统，可以有效兼顾人工照明和自然照明。

10.3.3 设备能耗

港口和公路客运站建筑设备主要包括办公室正常办公设备，以及候车厅客运功能相关设备，例如安检仪、网络交换机、售票机、电子屏等。在港口和公路客运站实际运行过程中，受到实际需求的限制，设备功率难以降低，但可以通过调整设备的运行来降低能耗，例如当客流量少时，可以关闭部分售票窗口和安检通道。

在建筑能耗模拟时，需要调研港口和公路客运站建筑设备的使用规律，设置设备逐时使用率来模拟设备的能耗，可以根据模拟调整设备使用，根据客运站的发车时间表、客流情况和运营时间，设计设备使用策略，减少设备能耗的浪费。

11 机电系统监控与能源管理

11.1 系统监测与控制

为了保证建筑机电系统正常运行，降低机电系统能耗，需要对机电系统进行必要的监测与控制。监测与控制系统设计时要求结合具体工程情况通过技术经济比较确定具体的控制内容。监测控制的内容可包括参数检测、参数与设备状态显示、自动调节与控制、工况自动转换、能量计量以及中央监控与管理等。

11.1.1 暖通空调系统

使用空调供暖、供冷的公共建筑应当实行室内温度控制制度，用户能够根据自身的用热（冷）需求，利用暖通空调系统中的调节阀主动调节和控制室温。

暖通空调系统设置能量计量装置可以及时了解和分析用能情况，加强能源管理，抵制能源浪费，降低建筑能耗。当系统负担有多栋建筑时，应针对每栋建筑设置能量计量装置，在能源站房（如制冷机房、热交换站或锅炉房等）应同样设置能量计量装置。如果暖通空调系统只是负担一栋独立的建筑，则能量计量装置可以只设于能源站房内。当实际情况要求并且具备相应的条件时，推荐按不同楼层、不同室内区域、不同用户或房间设置冷、热量计量装置的做法。除末端只设手动风量开关的小型工程外，暖通空调系统均应具备室温自动调控功能。以往传统的室内供暖系统中安装使用的手动调节阀，对室内供暖系统的供热量能够起到一定的调节作用，但因其缺乏感温元件及自力式动作元件，无法对系统的供热量进行自动调节，从而无法有效利用室内的自由热，降低了节能效果。因此，对散热器和辐射供暖系统均要求能够根据室温设定值自动调节。对于散热器和辐射供暖系统，主要是设置自力式恒温阀、电热阀、电动通断阀等。散热器恒温控制阀具有感受室内温度变化并根据设定的室内温度对系统流量进行自力式调节的特性，有效利用室内自由热，从而达到节省室内供热量的目的。

对于全空气空调系统，风阀、水阀与风机连锁启停控制，是一项基本控制要求。需要注意在需要防冻保护地区，应设置本连锁控制与防冻保护逻辑的优先级。保证使用期间的运行是基本要求，推荐优化启停时间即尽量提前系统运行的停止时间和推迟系统运行的启动时间。室内温度设定值对空调风系统、水系统和冷热源的运行能耗均有影响。根据相关文献，夏季室内温度设定值提高1℃，空调系统总体能耗可下降6％左右。根据室外气象参数优化调节室内温度设定值，既是一项节能手段，同时也有利于提高室内人员舒适度。

实践中发现很多工程没有实现风阀、水阀与风机连锁启停控制，主要是由于冬季防冻保护需要停风机、开水阀，这样造成夏季空调机组风机停时往往水阀还开，冷水系统"大流量，小温差"，造成冷水泵输送能耗增加、制冷机效率下降等后果。

对于风机盘管系统，风机盘管可以采用水阀通断和风机分挡/变速等不同控制方式。采用温控器控制水阀可保证各末端能够"按需供水"，以实现整个水系统为变水量系统。推荐设置常闭式电动通断阀，风机盘管停止运行时能够及时关断水路，实现水泵的变流量调节，有利于水系统节能。考虑到对室温控制精度要求很高的场所会采用电动调节阀，严寒地区在冬季夜间维持部分流量进行值班供暖等情况，不作统一限定。

对于排除房间余热为主的通风系统，根据房间温度控制通风设备运行台数或转速，可避免在气候凉爽或房间发热量不大的情况下通风设备满负荷运行的状况发生，既可节约电能，又能延长设备的使用年限。

对于车辆出入明显有高峰时段的地下车库，采用每日、每周时间程序控制风机启停的方法，节能效果明显。在有多台风机的情况下，也可以根据不同的时间启停不同的运行台数的方式进行控制。推荐采用CO浓度自动控制风机的启停（或运行台数），有利于在保持车库内空气质量的前提下节约能源，但由于CO浓度探测设备比较贵，因此适用于高峰时段不确定的地下车库在汽车开、停过程中，通过对其主要排放污染物CO浓度的监测来控制通风设备的运行。国家相关标准规定，CO 8h时间加权平均允许浓度为20mg/m³，短时间接触允许30mg/m³。

对于间歇运行的空调系统，在保证使用期间满足要求的前提下，应尽量提前系统运行的停止时间和推迟系统运行的启动时间。在运行条件许可的建筑中，宜使用基于用户反馈的控制策略，包括最佳启动策略和分时再设及反馈策略。

11.1.2 供热系统

供热量控制调节包括质调节（供水温度）和量调节（供水流量）两部分，需要根据室外气候条件和末端需求变化进行调节。

对锅炉台数和燃烧过程的控制调节，可以实现按需供热，提高锅炉运行效率，节省运行能耗并减少大气污染。锅炉的热水温度，烟气温度，烟道片角度，大火、中火、小火状态等能效相关的参数应上传至建筑能量管理系统，根据实际需求供热量调节锅炉的投运台数和投入燃料量。

气候补偿器是供暖热源常用的供热量控制装置，设置气候补偿器后，可以通过在时间控制器上设定不同时间段的不同室温，节省供热量；合理匹配供水流量和供水温度，节省水泵电耗，保证散热器恒温阀等调节设备正常工作；还能够控制一次水回水温度，防止回水温度过低而减少锅炉寿命。

11.1.3　照明系统

建议港口和公路客运站建筑对照明系统分项监测，其目的是监测照明的用电情况，检查照明灯具的用电指标。港口和公路客运站建筑照明系统的监测及控制宜具有下列功能：

（1）分组照明控制，便于对办公区域和候车候船区域进行照明调节控制，根据室内人员数量和分布对照明系统进行调节和控制。

（2）合理利用昼光照明，对照明系统与遮阳系统进行联动控制。

（3）走廊、楼梯、洗手间区域的照明控制与感应控制。

11.2　能　源　监　测

11.2.1　冷热源监测

在冷热源处应设置能量计量装置，实现用能总量量化管理。

港口和公路客运站自建的锅炉房及换热机房，供热量控制装置的主要目的是对供热系统进行总体调节，使供水水温或流量等参数在保持室内温度的前提下，随室外空气温度的变化进行调整，始终保持锅炉房或换热机房的供热量与建筑物的需热量基本一致，实现按需供热，达到最佳的运行效率和最稳定的供热质量。《民用建筑节能条例》规定，实行集中供热的建筑应当安装供热系统调控装置、用热计量装置和室内温度调控装置。因此，对锅炉房、换热机房总供热量应进行计量，作为用能量化管理的依据。供热锅炉房应设燃煤或燃气、燃油计量装置。制冷机房内应单独设置计量装置。直燃型机组应设燃气或燃油计量总表，电制冷机组总用电量应分别计量。

对冷热源机房的监控，要保证系统的安全运行，设备的顺序启停是控制的基本要求。冷水机组是暖通空调系统中能耗最大的单体设备，其台数控制的基本原则是保证系统冷负荷要求，节能目标是使设备尽可能运行在高效区域。

冷水机组的最高效率点通常位于该机组的某一部分负荷区域，因此采用冷量控制方式有利于运行节能。但是，由于监测冷量的元器件和设备价格较高，因此在有条件时优先采用，例如 DDC 控制系统。

当一级泵系统冷机定流量运行时，冷量可以简化为供回水温差；当供水温度不作调节时，也可简化为总回水温度来进行控制，工程中需要注意简化方法的使用条件。水泵的台数控制应保证系统水流量、供水压力和供回水压差的要求，节能目标是使设备尽可能运行在高效区域。水泵的最高效率点通常位于某一部分流量区域，因此采用流量控制方式有利于运行节能。如果港口和公路客运站建筑规模较大，具有二级泵系统，推荐二级泵系统采用水泵变速控制，可以减少设备耗电量。当一级泵系统冷水机组定流量运行时，一级泵台数与冷水机组台数相同，根据连锁控制即可实现；而一级泵系统冷水机机变流量运行时的一级泵台数控制和二级泵系统中的二次泵台数控制推荐水泵变速控制方式。由于价格较高且对安装位置有一定要求，选择流量和冷量的监测仪表时应统一考虑。

实际工程中，有压力控制、压差控制和温差控制等不同方式，温差的测量时间滞后较长，压差方式的控制效果相对稳定。压差测点的选择通常有两种：（1）取水泵出口主供、回水管道的压力信号。由于信号点的距离近，易于实施。（2）取二次泵环路中最不利末端回路支管上的压差信号。由于运行调节中最不利末端会发生变化，因此需要在有代表性的分支管道上各设置一个，其中有一个压差信号未能达到设定要求时，提高二次泵的转速，直到满足为止；反之，如所有的压差信号都超过设定值，则降低转速。显然，方法（2）所得到的供回水压差更接近空调末端设备的使用要求，因此在保证使用效果的前提下，它的运行节能效果较前一种更好，但信号传输距离远，要有可靠的技术保证措施。但若压差传感器设置在水泵出口并采用定压差控制，则与水泵定速运行相似，因此，推荐优先采用压差设定值优化调节方式，以发挥变速水泵的节能优势。

关于冷却水的供水温度，不仅与冷却塔风机能耗相关，更会影响到冷水机组能耗。从节能的观点来看，较低的冷却水进水温度有利于提高冷水机组的能效比，但会使冷却塔风机能耗增加。因此，对于冷却侧能耗有个最优化的冷却水温度。但为了保证冷水机组能够正常运行，提高系统运行的可靠性，通常冷却水进水温度有最低水温限制的要求。为此，必须采取一定的冷却水水温控制措施。通常有三种做法：（1）调节冷却塔风机运行台数；（2）调节冷却塔风机转速；（3）供、回水总管上设置旁通电动阀，通过调节旁通流量保证进入冷水机组的冷却水温高于最低限值。在（1）、（2）做法中，冷却塔风机的运行总能耗也得以降低。

冷却水系统在使用时，由于水分的不断蒸发，水中的离子浓度会越来越高。为了防止由于高离子浓度带来的结垢等种种弊病，必须及时排污。排污方法通常有定期排污和控制离子浓度排污。这两种方法都可以采用自动控制方法，其中控制离子浓度排污方法在使用效果与节能方面具有明显优点。

提高供水温度会提高冷水机组的运行能效，但会导致末端空调设备的除湿能力下降、风机运行能耗提高，因此供水温度需要根据室外气象参数、室内环境和设备运行情况，综合分析整个系统的能耗进行优化调节。因此，推荐在有条件时采用。

设备保养有利于延长设备的使用寿命，也属于广义节能范畴。机房群控是冷、热源设备节能运行的一种有效方式，水温和水量等调节对于冷水机组、循环水泵和冷却塔风机等运行能耗有不同的影响，因此机房总能耗是总体的优化目标。冷水机组内部的负荷调节等由自带控制单元完成，而且其传感器设置在机组内部管路上，测量比较准确和全面。

11.2.2　电耗监测

建议照明与插座分项监测，其目的是监测照明与插座的用电情况，检查照明灯具及办公设备的用电指标。

照明插座用电：是指建筑物内照明、插座等室内设备用电的总称。包括建筑物内照明灯具和从插座取电的室内设备，如计算机等办公设备、厕所排气扇等。

空调用电：是为建筑物提供空调、供暖服务的设备用电的统称。常见的系统主要包括冷水机组、冷水泵（一次冷水泵、二次冷水泵、冷水加压泵等）、冷却泵、冷却塔风机、风冷热泵等和冬季供暖循环泵（供暖系统中输配热量的水泵；对于采用外部热源、通过板式换热器供热的建筑，仅包括板式换热器二次泵；对于采用自备锅炉的，包括一、二次泵）、全空气机组、新风机组、空调区域的排风机、变冷媒流量多联机组等。

若空调系统末端用电不可单独计量，则应计算在照明和插座子项中，包括220V排风扇、室内空调末端（风机盘管、VAV末端、VRV末端）和分体式空调等。

电力用电是集中提供各种电力服务（包括电梯、非空调区域通风、生活热水、自来水加压、排污等）的设备（不包括空调供暖系统设备）用电的统称。电梯是指建筑物中所有电梯（包括货梯、客梯、消防梯、扶梯等）及其附属的机房专用空调等设备。水泵是指除空调供暖系统和消防系统以外的所有水泵，包括自来水加压泵、生活热水泵、排污泵、中水泵等。通风机是指除空调供暖系统和消防系统以外的所有风机，如车库通风机、厕所屋顶排风机等。特殊用电是指不属于建筑物常规功能的用电设备的耗电量，其特点是能耗密度高、占总电耗比重大。

循环水泵耗电量不仅是冷热源系统能耗的一部分，而且也反映出输配系统的用能效率，对于额定功率较大的设备宜单独设置电计量。

12 能 耗 评 价

12.1 能 耗 评 价 内 容

港口和公路客运站建筑能耗评价应包括以下主要内容：

（1）港口和公路客运站建筑供热量；

（2）港口和公路客运站建筑供冷量；

（3）港口和公路客运站建筑供热时热源所消耗的能源量，包括锅炉消耗的化石能源量、热泵和热水循环泵耗电量或外购热量，能源量折算为等效电量；

（4）港口和公路客运站建筑空调系统季节能效比；

（5）港口和公路客运站建筑人工照明耗电量；

（6）港口和公路客运站建筑总能耗指标。

12.2 能 耗 评 价 指 标

12.2.1 港口和公路客运站建筑单位面积年供热量

某完整日历年或完整供热季向港口和公路客运站建筑累积供热量，除以港口和公路客运站建筑面积，按式（12-1）计算。

$$HCA = \frac{Q_h}{A} \qquad (12\text{-}1)$$

式中 Q_h——港口和公路客运站建筑某完整日历年或完整供热季供热量，kWh/a；

A——港口和公路客运站建筑面积，m²；

HCA——港口和公路客运站建筑单位面积年供热量，kWh/（m²·a）。

由于供热季通常跨年，因此对港口和公路客运站建筑进行建筑能耗评价可采用完整供热季能耗数据。

12.2.2 港口和公路客运站建筑单位面积供冷量

某完整日历年向港口和公路客运站建筑累积供冷量，除以港口和公路客运站建筑面积，按式（12-2）计算。

$$CCA = \frac{Q_c}{A} \tag{12-2}$$

式中　Q_c——港口和公路客运站建筑某完整日历年供冷量，kWh/a；

　　　CCA——港口和公路客运站建筑单位面积年供冷量，kWh/（$m^2 \cdot a$）。

12.2.3　港口和公路客运站建筑单位面积供热能耗

某完整日历年或完整供热季，能源站向港口和公路客运站建筑供热时热源所消耗的能源量，除以客运站建筑面积，按式（12-3）计算。

$$ECA_h = \frac{E_h}{A} \tag{12-3}$$

式中　E_h——港口和公路客运站建筑在某完整日历年或完整供热季供热所消耗的化石燃料、电力或外购热力的能耗总量，折算为等效电量，kWh/a；

　　　ECA_h——港口和公路客运站建筑单位面积年供热能耗，kWh/（$m^2 \cdot a$）。

12.2.4　港口和公路客运站建筑空调系统季节能效比

某完整日历年港口和公路客运站建筑空调系统供冷量与空调系统消耗的能量之比，按式（12-4）计算。

$$SEER_t = \frac{Q_c}{\Sigma N_t} \tag{12-4}$$

式中　Q_c——港口和公路客运站建筑某完整日历年供冷量，kWh/a；

　　　ΣN_t——空调系统消耗的能量，包括冷热源、空气处理系统、介质输送系统及控制系统的能耗，kWh/a；

　　　$SEER_t$——港口和公路客运站建筑空调系统季节能效比。

【说明】

参考《供暖通风与空气调节术语标准》GB/T 50155—2015 第 5.3.29 条。

12.2.5　港口和公路客运站建筑单位面积人工照明耗电量

某完整日历年港口和公路客运站建筑公共区域人工照明设备耗电量，除以港口和公路客运站建筑面积，按式（12-5）计算。

$$ELA = \frac{\Sigma N_{lighting}}{A} \tag{12-5}$$

式中　$\Sigma N_{lighting}$——港口和公路客运站建筑公共区域人工照明设备耗电量，kWh/a；

　　　ELA——港口和公路客运站建筑单位面积年人工照明能耗，kWh/（$m^2 \cdot a$）。

12.2.6 港口和公路客运站建筑总能耗指标

某完整日历年港口和公路客运站建筑总能耗，除以港口和公路客运站建筑面积，按式（12-6）计算。

$$E_0 = \frac{E}{A} \tag{12-6}$$

式中 E——港口和公路客运站建筑某完整日历年建筑总能耗，包括维持建筑环境的用能（如供暖、制冷、通风、空调和照明等）和各类建筑内活动（如办公、售票、安检等）的用能，kWh/a；

E_0——港口和公路客运站建筑单位面积年建筑能耗，kWh/（m² · a）。

12.3 能耗评价指标限值

12.3.1 港口和公路客运站建筑单位面积供热量限值

港口和公路客运站建筑单位面积供热量限值应符合表12-1的规定。

港口和公路客运站建筑单位面积供热量的约束值和引导值［单位：kWh/（m² · a）］

表 12-1

气候分区	港口客运站		公路客运站	
	约束值	引导值	约束值	引导值
严寒地区	—	—	121.0	96.8
寒冷地区	76.7	61.4	80.0	64.0
夏热冬冷地区	35.7	28.6	40.1	32.1
夏热冬暖地区	—	—	—	—
温和地区	—	—	—	—

相同气候分区内不同规模的港口和公路客运站建筑单位面积供热量和供冷量差异较小，因此在港口和公路客运站建筑供热量和供冷量指标上没有区分客运站建筑规模。

12.3.2 港口和公路客运站建筑单位面积供冷量限值

港口和公路客运站建筑单位面积供冷量的约束值和引导值应符合表12-2的规定。不同气候分区港口客运站运营时间存在差异，夏热冬暖地区港口客运站建筑供冷

99

量指标是基于客运站 24h 运行计算得出的，其他气候分区港口客运站建筑供冷量指标是基于客运站 12h 运行计算得出。

港口和公路客运站建筑单位面积供冷量的约束值和引导值 ［单位：kWh/（m² · a）］

表 12-2

气候分区	港口客运站		公路客运站	
	约束值	引导值	约束值	引导值
严寒地区	—	—	11.5	9.2
寒冷地区	37.2	29.8	41.9	33.5
夏热冬冷地区	71.7	57.4	96.3	77.0
夏热冬暖地区	165.3	132.2	113.8	91.0
温和地区	—	—	—	—

12.3.3　港口和公路客运站建筑单位面积供热能耗限值

港口和公路客运站建筑单位面积供热能耗的约束值和引导值应符合表 12-3 的规定。

港口和公路客运站建筑单位面积供热能耗的约束值和引导值 ［单位：kWh/（m² · a）］

表 12-3

气候分区	港口客运站		公路客运站	
	约束值	引导值	约束值	引导值
严寒地区	—	—	122.6	98.1
寒冷地区	40.1	32.1	51.6	41.3
夏热冬冷地区	16.4	13.1	18.4	14.7
夏热冬暖地区	—	—	—	—
温和地区	—	—	—	—

12.3.4　港口和公路客运站建筑空调系统季节能效比限值

港口和公路客运站建筑空调系统季节能效比的约束值和引导值应符合表 12-4 的规定。

港口和公路客运站建筑空调系统季节能效比的约束值和引导值　　表 12-4

气候分区	港口和公路客运站	
	约束值	引导值
严寒地区	2.4	2.6
寒冷地区	2.5	2.7
夏热冬冷地区	2.6	2.9

气候分区	港口和公路客运站	
	约束值	引导值
夏热冬暖地区	3.0	3.3
温和地区	—	—

12.3.5 港口和公路客运站建筑单位面积人工照明耗电量限值

港口和公路客运站建筑单位面积人工照明耗电量的约束值和引导值应符合表12-5的规定。

港口和公路客运站建筑单位面积人工照明耗电量的约束值和引导值［单位：kWh/（m² • a）］

表 12-5

港口和公路客运站	约束值	引导值
人工照明耗电量	20.3	16.2

12.3.6 港口和公路客运站建筑能耗指标限值

港口和公路客运站建筑能耗指标的约束值和引导值应符合表 12-6 的规定。

港口和公路客运站建筑能耗指标的约束值和引导值［单位：kWh/（m² • a）］

表 12-6

气候分区	港口客运站		公路客运站	
	约束值	引导值	约束值	引导值
严寒地区	—	—	169.6	135.7
寒冷地区	113.2	90.6	120.3	96.2
夏热冬冷地区	86.7	67.3	67.8	54.2
夏热冬暖地区	111.0	81.1	81.5	65.2
温和地区	—	—	42.9	34.3

由于我国严寒地区和温和地区没有达到规模要求的港口客运站，因此没有对严寒及温和地区的港口客运站设置建筑能耗指标。同一气候区公路和港口客运站的建筑能耗指标存在一定差异，主要与其分布的地理位置有关，公路客运站一般位于内陆区域，而港口客运站位于沿海区域，室外气候条件存在较大差异，导致建筑能耗水平存在差异。夏热冬冷地区的建筑指标约束值和引导值不包含供暖能耗，如果夏热冬冷地区的港口和公路客运站建筑采用冬季供暖，应将供热系统能耗计入总能耗。

12.4 实测能耗的修正

当空调运行期间实际客流量与客运站设计客流量存在差异时，港口和公路客运站的建筑能耗指标约束值和引导值应按式（12-7）和式（12-8）进行修正。

$$E_1 = E_0 \times \gamma \tag{12-7}$$

$$\gamma = a + b \times P/P_0 \tag{12-8}$$

式中 E_1——港口和公路客运站建筑总能耗指标，kWh/ m²；

E_0——典型规模下港口和客运站建筑总能耗指标，kWh/ m²；

γ——港口和公路客运站使用强度修正系数；

P——港口和公路客运站年发送客流量，万人；

P_0——港口和公路客运站年发送客流量，万人；

a、b——拟合参数，具体取值见表12-7。

港口和公路客运站建筑能耗指标修正拟合参数　　　　表 12-7

分区名称	a	b
严寒地区	0.54	0.46
寒冷地区	0.63	0.37
夏热冬冷地区	0.84	0.16
夏热冬暖地区	0.81	0.19
温和地区	—	

附　　录

附录 1　主要城市太阳能资源数据表

城市	纬度	年平均气温 (℃)	年平均总太阳辐照量 [MJ/（m²·a）]	年平均日太阳辐照量 [kJ/（m²·d）]	全年日照小时数 (h)	年平均每天日照小时数 (h)
北京	39°57′	12.3	5570.32	15261.14	2600	7.1
天津	39°08′	12.7	5239.94	14356.01	2453	6.7
石家庄	38°02′	13.4	5173.60	14174.24	2243	6.1
哈尔滨	45°45′	4.2	4636.58	12702.97	2277	6.2
沈阳	41°46′	8.4	5034.46	13793.03	2556	7.0
长春	43°53′	5.7	4953.78	13572.00	2802	7.7
呼和浩特	40°49′	6.7	6049.51	16574.01	2746	7.5
太原	37°51′	10.0	5497.27	15061.02	2622	7.2
乌鲁木齐	43°47′	7.0	5279.36	14464.01	2668	7.3
西宁	36°35′	6.1	6123.64	16777.08	2556	7.0
兰州	36°01′	9.8	5462.60	14966.04	2439	6.7
银川	38°25′	9.0	6041.84	16553.00	2895	7.9
西安	34°15′	13.7	4665.06	12780.99	1966	5.4
上海	31°12′	16.1	4657.39	12759.98	1809	5.0
南京	32°04′	15.5	4781.12	13098.97	2037	5.6
合肥	31°53′	15.8	4571.64	12525.04	1676	4.6
杭州	30°15′	16.5	4258.84	11668.04	1818	5.0
南昌	28°40′	17.6	4779.32	13094.04	1854	5.1
福州	26°05′	19.8	4380.37	12001.02	1632	4.5
济南	36°42′	14.7	5125.72	14043.06	2377	6.5
郑州	34°43′	14.3	4866.19	13332.03	2116	5.8
武汉	30°38′	16.6	4818.35	13200.95	1662	4.6
长沙	28°11′	17.0	4152.64	11377.08	1499	4.1
广州	23°00′	22.0	4420.15	12110.01	1672	4.6
海口	20°02′	24.1	5049.79	13835.05	1994	5.5

城市	纬度	年平均气温 （℃）	年平均总 太阳辐照量 $[MJ/(m^2 \cdot a)]$	年平均日 太阳辐照量 $[kJ/(m^2 \cdot d)]$	全年日照 小时数 （h）	年平均每天 日照小时数 （h）
南宁	22°48′	21.8	4567.97	12514.98	1632	4.5
重庆	29°36′	17.7	3058.81	8684.08	1154	3.2
成都	30°40′	16.1	3793.07	10391.97	1157	3.2
贵阳	26°34′	15.3	3769.38	10327.07	1101	3.0
昆明	25°02′	14.9	5180.83	14194.06	2349	6.4
拉萨	29°43′	8.0	7774.85	21300.95	3070	8.4

附录2　太阳能集热器年平均集热效率的计算方法

太阳能集热器的年平均集热效率应根据太阳能集热器产品的瞬时效率方程（瞬时效率曲线）的实际测试结果按下式计算：

$$\eta = \eta_0 - U(t_i - t_a)/G \qquad (\text{附 2-1})$$

式中　　η——基于太阳能集热器总面积的集热器效率，%；

η_0——基于太阳能集热器总面积的瞬时效率曲线截距，%；

U——基于太阳能集热器总面积的瞬时效率曲线斜率，$W/(m^2 \cdot ℃)$；

t_i——太阳能集热器工质进口温度，℃；

t_a——环境空气温度，℃，可按本指南附录1查得，t_a应取当地的年平均环境空气温度；

G——总太阳辐照度，W/m^2；

$(t_i - t_a)/G$——归一化温差，$(℃ \cdot m^2)/W$。

太阳能集热器工质进口温度应按下式计算：

$$t_i = t_0/3 + 2t_{end}/3 \qquad (\text{附 2-2})$$

式中　t_i——集热器工质进口温度，℃；

t_0——系统设计进水温度（贮热水箱初始温度），℃；

t_{end}——系统设计用水温度（贮热水箱终止温度），℃。

年平均总太阳辐照度应按下式计算：

$$G = J_T/(S_y \times 3600) \qquad (\text{附 2-3})$$

式中　G——年平均总太阳辐照度，W/m^2；

J_T——当地的年平均日太阳辐照量，$J/(m^2 \cdot d)$，可按本指南附录1查得；

S_y——当地的年平均每天日照小时数，h，根据当地气象参数选取，若没有准确参数。

附录 3 能 源 折 算 系 数

建筑消耗的能源涉及的能源种类为电力和化石能源（如煤、油、天然气等），可将不同种类的能源统一折算为标准煤，单位为 kgce，其中：

电与标准煤的折算，按照供电煤耗进行换算，1kWh 电＝0.320kgce。

化石能源与标准煤的折算，按照热值进行换算，如附表 3-1 所示。

能源折算系数 附表 3-1

能源种类	单位实物量热值	与标准煤折算系数
油田天然气	38.93MJ/m³	1.330kgee/m³
气田天然气	35.54MJ/m³	1.214kgcc/m³
液化石油气	50.18MI/kg	1.714kgce/kg
水煤气	10.45MJ/m³	0.357kgce/m³
原油	41.82MJ/kg	1.429kgce/kg
燃料油	41.82MJ/kg	1.429kgce/kg
汽油	43.07MJ/kg	1.471kgce/kg
柴油	42.65MJ/kg	1.457kgce/kg
原煤	20.91MJ/kg	0.714kgce/kg
焦炭	28.44MJ/kg	0.971kgce/kg
洗精煤	26.34MJ/kg	0.900kgce/kg
热力（当量值）	—	0.03412kgce MJ
蒸汽（低压）	3763MJ/t	0.1286kgce/kg

注：燃料低位发热量数据来源于《中国能源统计年鉴 2013》。

附录 4　性能化设计案例

Ⅰ：公路客运站建筑性能化设计案例

（1）模型建立

公路客运站根据年平均日旅客发送量和发车位数量可划分为五个等级，一级站为最高级别，五级站为最低级别。本节取年平均日旅客发送量为 10000 人/天，建立一级客运站建筑模型。模型建筑层高为 2 层，一层包括候车厅、售票厅、行包用房、小商店等客运站务用房，二层为普通办公用房。建筑体形系数为 0.26，建筑朝向为南北向。客运站总面积 5400m²，候车厅高度为 6m，其余房间高度均为 3m，模型外观如附图 4-1 所示。

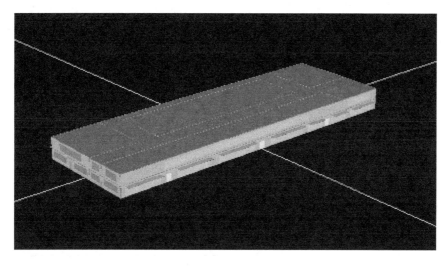

附图 4-1　模型外观

（2）模型参数设置

选择天津市作为寒冷地区的代表城市进行后续模拟计算，建筑外围护结构参数如附表 4-1 所示。建筑运行时间为 6：00～17：00。设置建筑供暖期为 11 月 15 日～次年 3 月 15 日，建筑供冷期为 5 月 15 日～9 月 15 日。建筑冷源为一台螺杆式冷水机组，制冷机组 COP 为 4.7，冷水设计供/回水温度为 7℃/12℃；使用冷却塔进行冷却，冷却水设计供/回水温度为 32℃/37℃。建筑热源为一台燃气热水锅炉，锅炉效率为 0.90，热水设计供/回水温度为 55℃/45℃。冬夏空调系统形式设置为定风量系统，冬季室内设计温度为 18℃，夏季室内设计温度为 26℃，候车厅旅客新风量为 10m³/（h·p），特殊旅客候车厅及办公用房新风量为 30m³/（h·p）。

选择哈尔滨市作为严寒地区代表城市，设置建筑供暖期为 10 月 20 日～次年 4 月 20 日，建筑供冷期为 7 月 1 日～8 月 31 日，建筑冷热源与寒冷地区模型相同，建筑供暖末端形式为散热器，设计供/回水温度为 75℃/55℃。建筑外围护结构参数设置参考《公共建筑节能设计标准》GB 50189—2015，如附表 4-1 所示。其余参数设置同寒冷地区模型。

建筑外围护结构参数设置 附表 4-1

气候区	外墙传热系数 [W/ (m² · K)]	外窗传热系数 [W/ (m² · K)]	太阳得热系数
严寒地区	0.45	1.70	0.35
寒冷地区	0.50	2.00	0.55

照明、设备功率密度及人员密度及运行时间参考《公共建筑节能设计标准》GB 50189—2015 参数设置如附表 4-2 所示。

室内内扰参数设置情况 附表 4-2

房间类型	人均使用面积 (m²/人)	电器设备功率 (W/m²)	照明功率密度 (W/m²)
候车厅、售票厅	1.1	8	7
普通办公室	10	20	11
走廊	20	0	5
商店	8	20	11

根据公路客运站的运营规律设置人员逐时在室率、照明、设备逐时使用率，如附图 4-2～附图 4-4 所示。

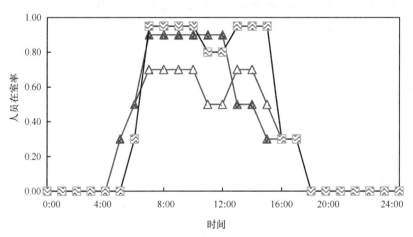

附图 4-2　人员逐时在室率

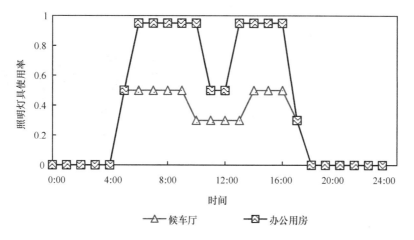

附图 4-3　照明灯具逐时使用率

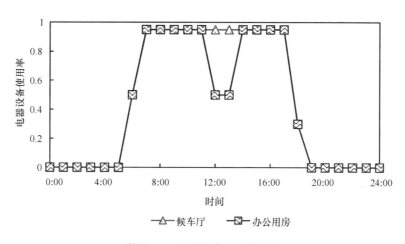

附图 4-4　电器设备逐时使用率

（3）性能化设计结果

寒冷地区公路客运站建筑单位面积热负荷峰值为 59.2W/m²；冷负荷峰值为 64.1W/m²；能耗模拟结果如附图 4-5 所示：单位面积综合能耗为 108.00 kWh/(m²·a)，单位供暖面积耗热量为 0.29GJ/(m²·a)。其中，暖通空调能耗占到建筑总能耗的 60.25%，占比最高；电器设备系统能耗次之，占比为 26.38%；照明系统能耗最低，为 13.37%。

严寒地区公路客运站建筑单位面积热负荷峰值为 80.0W/m²，冷负荷峰值为 57.9W/m²。严寒地区能耗模拟结果如附图 4-6 所示：单位面积综合能耗为 128.58kWh/(m²·a)，单位供暖面积耗热量为 0.64GJ/(m²·a)。其中，暖通空调能耗占到建筑总能耗的 66.61%，占比最高；电器设备系统能耗次之，占比为 22.16%；照明系统能耗最低，占比为 11.23%。

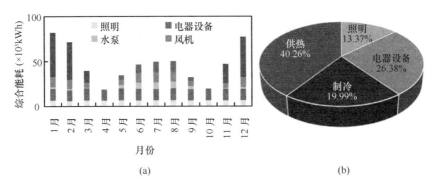

附图4-5　寒冷地区公路客运站建筑能耗模拟结果

（a）逐月综合能耗；（b）分项能图

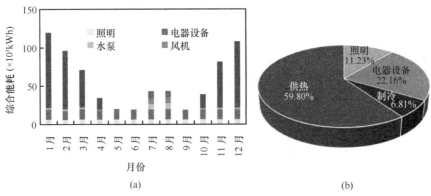

附图4-6　严寒地区公路客运站建筑能耗模拟结果

（a）逐月综合能耗；（b）分项能耗图

Ⅱ：港口客运站建筑性能化设计案例

（1）模型建立

本节基于对港口客运站的实地调研，对寒冷地区和夏热冬暖地区建立基准模型进行模拟计算，利用调研获取的港口客运站建筑的平面图建立建筑模拟模型，如附图4-7、附图4-8所示。

（2）模型参数设置

寒冷地区建筑模拟模型共地上5层，一层包括候船厅、售票厅、商店、值班室等客运站务用房，二～五层为普通办公用房。建筑体形系数为0.196，建筑朝向为南北方向。客运站总面积7348m²，首层高度为6m，二～五层高度均为3m。夏热冬暖地区建筑模拟模型共地上2层，一层包括入口大厅、候船厅、售票厅、商店、值班室等客运站务用房，二层为普通办公用房。建筑体形系数为0.19，建筑朝向为南北方向。客运站总面积6200m²，入口大厅、候船厅、售票厅高度为7.7m，首层办公用房高度为4.2m，二层办公用房高度为3.5m。建筑围护结构参数如附表4-3所示。

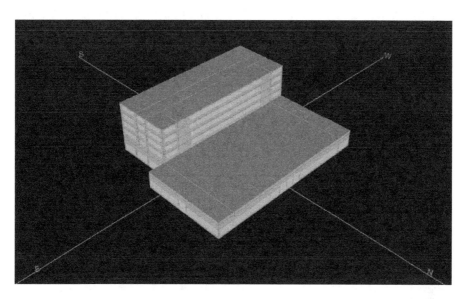

附图 4-7　寒冷地区港口客运站建筑模拟模型

附图 4-8　夏热冬暖地区港口客运站建筑模拟模型

建筑围护结构参数　　　　　　　　　　　附表 4-3

参数	寒冷地区	夏热冬暖地区
屋顶传热系数[W/(m²·K)]	0.65	0.5
外墙传热系数[W/(m²·K)]	0.8	1.0
外窗传热系数[W/(m²·K)]	2.5	2.8
外窗遮阳系数	0.43	0.8
窗墙比	0.5	东向 0.3，西向 0.2，南北向 0.4

人员密度由旅客发送量、日发船次数及候船厅面积计算得出，照明功率密度取客运站实际照明功率，设备功率密度参考《公共建筑节能设计标准》GB 50189—2015，参数值设置如附表 4-4 所示。

<table>
<tr><td colspan="2" rowspan="2">房间类型</td><td>人员密度</td><td>照明功率密度</td><td>设备功率密度</td></tr>
<tr><td>（m²/人）</td><td>（W/m²）</td><td>（W/m²）</td></tr>
</table>

室内内扰参数设置情况　　　　　　　　　　　　　　　附表 4-4

房间类型		人员密度（m²/人）	照明功率密度（W/m²）	设备功率密度（W/m²）
寒冷地区	候船厅、售票厅	3	7	8
	普通办公室	10	5	15
	商店	8	10	13
夏热冬暖地区	候船厅、售票厅	3	7	8
	普通办公室	10	5	15
	商店	8	10	13

气象数据要根据模拟的地区选择，选择山东龙口的气象数据作为寒冷地区港口客运站建筑的气象数据，选择海南海口的气象数据作为夏热冬暖地区港口客运站建筑的气象数据；寒冷地区建筑首层运行时间为 8：00～23：00；二～五层运行时间为 9：00～18：00。

根据港口客运站实际运行时间及发船班次情况得到人员逐时在室率、照明、设备逐时使用率，如附图 4-9～附图 4-11 所示。

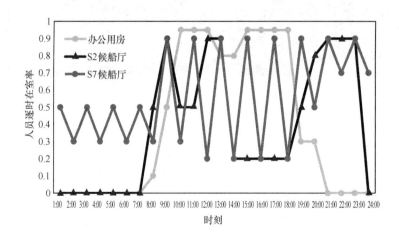

附图 4-9　人员逐时在室率

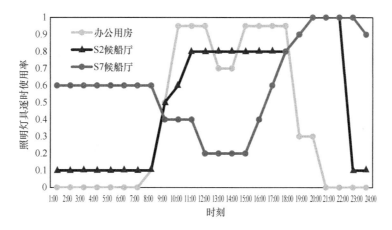

附图 4-10　照明逐时使用率

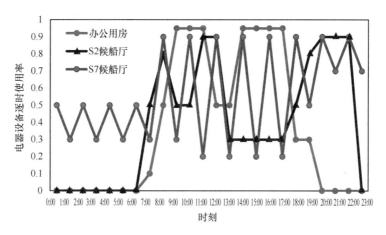

附图 4-11　电器设备逐时使用率

（3）暖通空调系统设置

设置寒冷地区港口客运站建筑供暖期为 11 月 15 日～次年 3 月 15 日，供冷期为 6 月 15 日～9 月 30 日。夏季空调设计温度为 26℃，冬季供暖设计温度为 20℃。空调系统为分体式空调，选用额定制冷量为 12000W、COP 为 3.05 的立式柜机空调；额定制热量为 12500W，COP 为 3.29；夏热冬暖地区建筑全天运行，设置建筑供冷期为 4 月 15 日～11 月 15 日，无供暖期。夏季空调设计温度为 26℃。空调系统为分体式空调，选用额定制冷量为 12000W、COP 为 3.05 的立式柜机空调。

（4）性能化设计结果

寒冷地区港口客运站建筑热负荷峰值为 395.17kW，单位面积热负荷峰值为 53.78W/m²；冷负荷峰值为 550.51kW，单位面积冷负荷峰值为 74.92W/m²；全年总能耗为 719290kWh，单位面积综合能耗为 97.89kWh/m²。其中，供暖空调能耗占比最高，占总能耗的 53%；电器设备能耗次之，占比为 35%；照明系统能耗最低，但仍占 12%，如附图 4-12 所示。

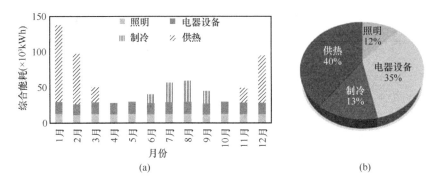

附图 4-12　寒冷地区建筑能耗模拟计算结果

（a）建筑逐月综合能耗；（b）分项能耗图

夏热冬暖地区港口客运站建筑冷负荷峰值为 620.23kW，单位面积冷负荷峰值为 100.04W/m²；全年总能耗为 688670kWh，单位面积综合能耗为 111.08kWh/m²。其中，空调系统能耗占比最高，占总能耗的 37%；电器设备和照明系统能耗相近，分别占总能耗的 30% 和 33%，如附图 4-13 所示。

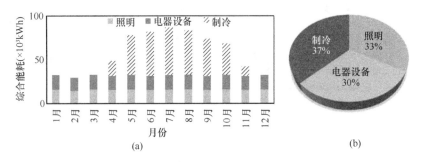

附图 4-13　夏热冬暖地区建筑能耗模拟计算结果

（a）建筑逐月综合能耗；（b）分项能耗图

参 考 文 献

[1] 中华人民共和国住房和城乡建设部. 交通客运站建筑设计规范：JGJ/T 60—2012[S]. 北京：中国建筑工业出版社，2013.

[2] 中华人民共和国住房和城乡建设部. 民用建筑供暖通风与空气调节设计规范：GB 50736—2012[S]. 北京：中国建筑工业出版社，2012.

[3] 中华人民共和国住房和城乡建设部. 建筑设计照明标准：GB 50034—2013[S]. 北京：中国建筑工业出版社，2014.

[4] 中华人民共和国国家质量监督检验检疫总局. 热环境的人类工效学 通过计算 PMV 和 PPD 指数与局部热舒适准则对热舒适进行分析测定与解释：GB/T 18049—2017[S]. 北京：中国标准出版社，2017.

[5] 中华人民共和国住房和城乡建设部. 供暖通风与空气调节术语标准：GB/T 50155—2015[S]. 北京：中国建筑工业出版社，2015.

[6] 中华人民共和国住房和城乡建设部. 民用建筑工程室内环境污染控制规范：GB 50325—2020[S]. 北京：中国建筑工业出版社，2020.

[7] 中华人民共和国住房和城乡建设部. 公共建筑节能设计标准：GB 50189—2015[S]. 北京：中国建筑工业出版社，2015.

[8] 中华人民共和国住房和城乡建设部. 建筑采光设计标准：GB/T 50033—2013[S]. 北京：中国建筑工业出版社，2013.

[9] 中华人民共和国住房和城乡建设部. 建筑光伏系统应用技术标准：GB/T 51368—2019[S]. 北京：中国建筑工业出版社，2019.

[10] 中华人民共和国住房和城乡建设部. 民用建筑太阳能热水系统应用技术规范：GB 50364—2018[S]. 北京：中国建筑工业出版社，2018.

[11] 中华人民共和国住房和城乡建设部. 太阳能供热采暖工程技术规范：GB 50495—2019[S]. 北京：中国建筑工业出版社，2019.

[12] 中华人民共和国住房和城乡建设部. 民用建筑太阳能空调工程技术规范：GB 50787—2012[S]. 北京：中国建筑工业出版社，2012.

[13] 中华人民共和国住房和城乡建设部. 建筑给水排水设计规范：GB 50015—2019[S]. 北京：中国建筑工业出版社，2019.

[14] 中华人民共和国住房和城乡建设部. 室外给水设计标准：GB 50013—2018[S]. 北京：中国计划出版社，2018.

[15] 中华人民共和国住房和城乡建设部. 室外排水设计标准：GB 50014—2021[S]. 北京：中国

计划出版社，2021.

［16］ 中华人民共和国生态环境部．污水综合排放标准：GB 8978—1996［S］．北京：中国标准出版
社，1998.

［17］ 中华人民共和国住房和城乡建设部．外墙内保温建筑构造：11J122［S］．北京：中国计划出
版社，2011.

［18］ 中华人民共和国交通运输部．海港总体设计规范：JTS 165—2013［S］．北京：人民交通出版
社，2014.

［19］ 中华人民共和国住房和城乡建设部．建筑节能与可再生能源利用通用规范：GB 55015—2021
［S］．北京：中国建筑工业出版社，2021.